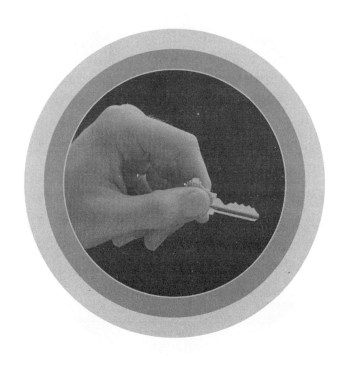

生活锦囊全书

宋小威　著

光明日报出版社

图书在版编目（CIP）数据

生活锦囊全书 / 宋小威著 .—北京：光明日报出版社，2012.1（2025.4 重印）
ISBN 978-7-5112-1871-1

Ⅰ.①生… Ⅱ.①宋… Ⅲ.①人生哲学—通俗读物 Ⅳ.① C933.2

中国国家版本馆 CIP 数据核字 (2011) 第 225281 号

生活锦囊全书

SHENGHUO JINNANG QUANSHU

著　　者：宋小威		
责任编辑：李　娟	责任校对：米　菲	
封面设计：玥婷设计	责任印制：曹　净	

出版发行：光明日报出版社

地　　址：北京市西城区永安路 106 号，100050

电　　话：010-63169890（咨询），010-63131930（邮购）

传　　真：010-63131930

网　　址：http://book.gmw.cn

E－mail：gmrbcbs@gmw.cn

法律顾问：北京市兰台律师事务所龚柳方律师

印　刷：三河市嵩川印刷有限公司

装　订：三河市嵩川印刷有限公司

本书如有破损、缺页、装订错误，请与本社联系调换，电话：010-63131930

开　本：170mm×240mm		
字　数：203 千字	印　张：15	
版　次：2012 年 1 月第 1 版	印　次：2025 年 4 月第 4 次印刷	
书　号：ISBN 978-7-5112-1871-1-02		
定　价：49.80 元		

PREFACE

前 言

　　在现实生活中，你是否面对不公平待遇而无法加薪晋职？你是否很难和上司、同事、亲戚或朋友相处而人际关系很糟？你是否身处逆境一筹莫展而抱怨命运不公却无力回天？你是否陷入金钱的困境中借不来钱，也讨不来债？你是否依赖性太强，无法自立？你是否有心理障碍无法消除？你是否无法参透人生的进退之机，也无法应对别人的欺骗？

　　这些错综复杂而又出人预料的问题，往往给人们的工作、学习、生活等带来压力和障碍，致使人生陷入一种困境，严重影响着事业的成败、家庭的幸福、生活的安宁。如果走不出去，人生可能就此无法挽救，造成的阴影挥之不去，留下永远的痛。但是如果咬紧牙关走出去，则能改天换地，成就一番别样的风景。

　　困境并不意味着永远无法摆脱，它还有转机，仍有突围化解的可能。所以面对困境，不要畏惧，也不要止步不前，更不能因此而颓废堕落。人们在困境面前并不是无能为力，只要有足够的智慧，只要方法对头，一切都能迎刃而解。

　　虽然人生的困境有很多种，虽然每一种困境都可能给我们带来致命的伤害和阻碍，但是人生不能坐以待毙，更不能借此消沉，应该以良好的心态、坚强的意志直面困境和挫折，采用灵活有效的办法，向命运挑战。

每种困境都有诸多不同的解决方法，本书针对不同的困境列出备选的解决方案，灵活多样，简单易行。有的人生困境并不是一下子就能得以摆脱，它需要假以时日，一步步地慢慢转变。本书详尽列出了具体方案供读者选择。

本书针对人们在职场发展、金钱管理、人际关系等方面的难题，选择最具有代表性的对人生有重大影响意义的困境，一一阐释化解，分析这些困境产生的背景和原因，给出化解这些困难的方法，帮助读者从容应对各种问题和困局，走出事业、生活、情感、人际交往等的困惑。

开卷有益，希望此书能带给你更多的裨益，伴你行走在成功的人生路上，让你从此变得睿智坚强，遭遇困境时不再茫然失措，更帮助你开启成功的人生之门，谱写壮丽的人生乐章。

CONTENTS

目 录

扫码获取
更多资源

第一章

出入职场的成功秘诀

工作出现失误怎么办

人非圣贤，孰能无过。美国前总统西奥多·罗斯福说过，如果他所决定的事情有 75% 的正确率，便是他预期的最高标准了。罗斯福无疑要算 20 世纪的一位杰出人物了，他的最高希望标准也不过如此，何况你我呢？

作为企业的员工，在工作当中难免会犯一些错误。面对错误，大多数人虽然知道自己错了，却没有勇气承认，或把犯错的理由归结于别的因素。只有极少数人能够站出来，勇敢地向老板坦白："这件事没成功，是我的错……"在前者看来，承认错误意味着老板的责罚，沉默和"合理的托词"意味着逃脱责任。但是当你选择了承认错误时，你得到的真的只有惩罚吗？

有一个经典的故事：日本一家电器公司的老板准备物色一位职员去完成一项重要的工作，在对众多的应聘者进行筛选时，他只问 1 个问题："在你以往的工作中，你犯过多少次错误？"

他最终把工作交给了一个犯过多次错误的员工。开始工作前，他交给该员工一本《错误备忘录》，嘱咐道："你犯过的错误都属于你的工作成绩，但是你要记住，同样的错误属于你的只有 1 次。"这说明，上司会给员工犯错的机会，但总是不希望下属犯同样的错误。

俗话说：上帝都有犯错误的时候。所以，不论多么优秀的员工也肯定是要犯错误的，只有无所事事的人才不会犯错。聪明员工的可贵之处是能在每次犯错误之后，接受教训，及时总结经验，同样的错误绝不犯第二次。

不要以不小心作为犯错误的借口，更不能故意去犯错误。如果你能对你的上司说："老板，您放心，这是我第 1 次犯这个错误，也是最后 1 次。"那你就非常不简单了。不过你能够说到做到吗？如果能，那你早晚会脱颖而出。

那么，在工作中出现失误的时候怎样做才最得体、最有利于自己的发展呢？

1．勇于承认，不嫁祸他人

在公司里，我们最常见到的就是在出现事故后，老板要追查责任人，大家异常统一、步调一致地互相推卸责任，极少有人会站出来承认自己工作的不足。工作时间长了的员工，遇到问题首先想到的是回避，然后就是设法推给别人。这种为了推卸责任而嫁祸他人的做法，是不负责任的行为。

在现代职场中，每一个部门和岗位上都有着明确的分工，是自己的责任就应该勇敢地承担起来，千万不要为了自己一时的私利寻找借口，并且嫁祸他人。老板有时也并不是真的要处罚谁，而是必须有一个人站出来承担责任，否则公司就会陷入瘫痪，乱成一团。

余飞现在是一家汽车制造技术部的主管。有一天，他关系不错的同事告诉他这样一件事：

3 年前，余飞还是汽车配件车间里的一名小小的装配工，因为工作中的失误，在装配一个电动机组时，没有从全局考虑，而为公司埋下了隐患。后来有一天，这个电动机组发生了大故障，为公司带来了一些损失，总裁勒令查明这次事故的责任人。有人反映，余飞也是这次事故的责任者之一。这位同事建议余飞把责任推到当时他的上司头上，毕竟当时他仅仅是一名小小的员工，并没有参与做重大决定。尽管这种做法对自己有益，但是余飞考虑到自己当时是参与工作者之一，有一定责任，不应该完全免责，而且公司知道内情的人有很多，明哲保身不是办法。

第二天，余飞亲自上总裁办公室，坦率地承认这次电动机组发生障碍，自己有一定的责任，他甘愿受罚。总裁为他的这种做法而高兴，并没有责罚他，只是要求他组织人员把那个电动机组再重新安装一次。

不要感慨自己的付出与获得的报酬不成比例，也不要老是觉得自己怀才不遇，更不要一出现事故便推卸责任，嫁祸于人，而应该处理好自己每天的工作，并时刻提醒自己："我是在自己的公司里为自己做事。"这样，你才能干好每一项工作，让自己每天都取得一定的进步，纵然偶尔工作出现失误也会得到别人的谅解。因为你毕竟是在认认真真工作着，你也在以你的负责精神感动着周围的人——同事、朋友、亲人和上司。

要想成为一名合格卓越的员工，就应该努力完成上级安排的任务，办好分内的事；在工作当中，也尽量配合同事的步伐，大家协调一致，努力把工作干好，而不是在做工作时，狂妄自大、自以为是，或者为推卸责任而寻找借口，嫁祸于人。

自己的过错要自己承担，这是每个人的责任和义务。千万不要惧怕伴随错误而来的负面影响，一味地隐藏错误或为自己的错误寻找开脱的借口只会制约你前进的步伐，减慢你成功的速度，降低你的行为质量。事实上，很多时候，如果你能以积极的心态，勇敢地承认错误，那么你将永远不会为错误所累，你会更快地获得成功。

列宁说过："认错是改正的一半。"那么另一半是什么呢？另一半就是采取一切可能措施去弥补自己的过错，这不仅可以将你为错误付出的代价最小化，还可以让老板更进一步了解你的能力和潜在价值。

2. 纠正错误，无愧于心

一位名医，在当地享有盛誉。有一天，一位青年妇女来找他看病。检查后发现，她的子宫里有一个瘤，需要手术切除。

手术很快就安排好了。手术室里都是最先进的医疗器材，对这位有过上千次手术成功经验的名医来说，这只是个小手术。

他切开病人的腹部，向子宫深处观察，准备下刀。突然，他全身一震，手术刀停在空中，豆大的汗珠冒出额头。他看到了一件令他难以置信的事：子宫里长的不是肿瘤，是个胎儿！

他的手颤抖了，内心陷入矛盾的斗争中。如果将错就错拿掉胎儿，并告诉病人肿瘤已摘除，病人一定会感激得恩同再造；反过来，如果他承认自己看走眼了，那么，他将会声名扫地。

经过几秒钟的犹豫，他终于下了决心，小心缝合刀口之后，回到办公室，静待病人苏醒。然后，他走到病人床前，对病人和病人家属诚恳地说："对不起！我看错了，你只是怀孕，没有长瘤。所幸及时发现，孩子安好，一定能生下个可爱的小宝宝！"

病人和家属全呆住了。隔了几秒钟，病人的丈夫突然冲过去，抓住名医的领子，吼道："你这个庸医，你这是误诊，我一定要把你送上法庭！"

孩子果然安然无恙，而且发育正常。但医生被告得差点破产。

有朋友很不解，胎儿就胎儿吧，摘除就摘除了，又有谁能知道？

"老天知道！"名医只是淡淡一笑。

心中有原则，做事就不会为得失所迷，心情就不会为得失所累。

古人推崇"君子慎独"，就是说即使自己独处时，也要自律，不要做违背原则的事，即便没人知道，那还有天知地知，自己的心知道。做了错事就勇于承认，敢于纠正，哪怕为此付出代价，但却能获得心灵的安宁。

采用欺骗手段掩盖错误，逃脱责罚，虽然能获得短暂的成功，但事情真相水落石出的时候，就是你成为人人唾弃对象的时候，而且，在此期间，你还要小心翼翼地掩盖，承受着心理的压力和折磨。

3. 要学会从工作失误中挖掘有用的信息

在清朝顺治年间，有位王姓青年到北京的一家剪刀作坊里当学徒。有一天，师娘为他师傅炖了一只鸡，鸡炖好了端出来，放在他和师傅打造剪刀的桌子上晾着，桌子下面是盛着鸡血的盆。

在工作中，一不小心，这位王姓青年失手将剪刀掉进了鸡血盆里。他慌乱中弯腰去捡，又碰翻了桌上的鸡汤，滚烫的鸡汤溅到了他的脸上，烫得他满脸的水泡。

当从鸡血里捞出剪刀擦干后，他惊喜地发现，这把剪刀格外明亮锋利。从这次失误中他发现，把打造好的剪刀放在动物的血里会使其更加锋利。从此以后，他打造的剪刀越来越畅销，他的名气也越来越大。

因为他脸上被鸡汤所烫，起了一脸麻点，人们因此称他打造的剪刀为"王麻子剪刀"。到了后来，"王麻子剪刀"成为一个著名的剪刀品牌。

在工作的失误中往往潜藏着许多对自己有用的信息。因此，一旦在工作上出现了失误，我们不要悲伤沮丧，而要积极地分析失误的缘由，化被动为主动，让工作向更好的方向发展。

有了失误不要紧，失误中也蕴含着机会，莫让它白白地逝去，利用失误、改造失误，这样才能弥补之前遭受的损失。

对工作产生厌倦怎么办

根据中华英才网最近进行的一项6000多人的网络调查统计显示，有94.2%的人对工作感到厌倦。

其中58.6%的受调查者出现了轻微的工作厌倦状态，即对工作不再抱有以往的热情；有26.5%的受调查者出现中度的工作厌倦，即需要借助休假或跳槽来进行自我调整；还有9.1%的受调查者则表示极度厌倦工作。

出现职业之"痒"的原因五花八门：没有感情基础，就像一场迫于无奈的"婚姻"，时时让人存有"出轨"的异心；工作琐碎；好好工作，却不一定能得到相应的回报，年年等提拔，可年年却不见提拔；工作单调，每天都一模一样，没有一点新鲜感；能力有限，压力太大；对企业内部的沟通状况不满意，和同事关系不太好；老板总没有好脸色，感觉压抑……

熟悉的地方没有风景，人们常说婚姻有"七年之痒"，意思是婚姻到了一定的年头，慢慢地就没有激情了，只是过日子而已。而不少人对工作也发出"七年之痒"的感慨，刚刚踏出校门的满怀激情不知从哪一天起就消失在城市的高楼里、马路上，工作越来越像鸡肋一样食之无味，弃之可惜。厌倦已经和职业病一样流行，并且深入骨髓，长此以往，会给你的工作带来消极负面的影响。此时，该怎么办呢？

是在厌倦中消磨岁月，还是寻求解决之道？有抽样调查显示，跳槽、换工作是摆脱厌倦最常用的办法，也有人打算考研、读MBA、做自由职业者、出国、辞职休息，总之，关键是要动起来，给自己来一番重新规划，只是每一番规划都要经过自己的深思熟虑。

1. 保持工作的热情

即使婚姻有"七年之痒"，也照样有不少人伉俪情深、白头偕老。工作也一样。

一位成功人士一次在电视上回答大学生的提问：在工作上您觉得怎样算成功？他说："我每天早上上班前都会照镜子，镜子里面的我总是笑着的。想到工作，能让人微笑，这就是成功。"

留住新鲜感，保持热情。也许平淡的工作像平淡的婚姻一样，想要幸福快乐，就需要自己用心去经营。

干了13年工程的王辉对保持工作的热情有自己的看法。他说："要对工作保持热情，其实没有什么秘诀，就是调整好自己的心态。或许你换个工作仍然会感到厌倦，可是每一个职业都会让人感觉单调，所以没必要这山看着那山高。其次，要正视现实。比如我的理想工作是做个飞行师，但我不去做是因为我的身体条件不够，也不再年轻了，而且我还得养家糊口。人要知足，不要动不动就起二心。这就如同讨老婆，也许你会发现有更漂亮的或对自己更好的，可是你如果要牺牲这一段婚姻就要付出代价。"

他还说："工作是有压力，但没有压力的工作又有什么意思呢？工作也有挫折，但人生哪里能避免挫折呢？会不会对职业厌倦，关键在于自己如何去做。我每一阶段都给自己设定一个目标，朝着这个目标努力，这样工作起来就有动力和冲劲。用心做，就会发现每一天其实都是新的。心态消极，自然就觉得万事无趣。在工作方面，我努力了，也收获了。如果能干一辈子的话，就打算干一辈子。"

工作需要热情。一个人如果对工作没有一颗热忱之心，无论做什么事情都不会顺利的。热忱是一种待人的良好心态，也是一种激发自身潜能的巨大力量。在工作中，以一颗热忱之心对待一切，往往会产生奇迹。

热情不能只是表面工夫，必须发自内心，若假装不可能持续多久。产生持久感的方法就是订出一个目标，努力工作去达到这个目标，而在达到这个目标之后，再订出另一个目标，再努力去达到。这样做可以使人永远保持兴奋和挑战未来的信心，而对工作永远充满热情终能让你不断实现事业突破。

2. 给自己充电

张娟是一个工作态度积极的人。短短几年间，她从一个小职员升任为一家外贸公司的业务经理。工作对她来说应当是满足感和成就感的源泉。然而1年多前，她却出人意料地从公司辞了职，重返课堂读书。

张娟有这个举动并不完全因为她不想工作，而是她在高强度的工作中，发现不仅自己的知识被一点点掏空，而且工作经验的增加反而抑制了自己对创造性工作的热情，机械地重复使她内心深处产生了深深的厌倦。

于是，她辞掉工作利用1年时间完成了EMBA的课程，将自己几年来的工作进行一次完整的总结，又学习了第二外语法语。如今，充电之后的张娟兴致勃勃地开始了又一个充满挑战的新工作。

不想工作是为了更好地工作。像张娟这样，在事业的高峰期急流勇退，然后专心地读书充电，随后重新找到了事业发展的新起点，这着实是一个具有鼓舞作用的事例。的确，在自我拓展和再培训的过程当中提升自己，是现代人调整身心、再攀高峰的良性发展方向。

而作为普通员工，即使我们没有能力去国外深造，去全职念书，但完全可以参加公司培训，可以利用下班时间学点自己感兴趣和有用的知识技能，也好为自己进一步发展奠定基础。

3. 三思之后选择跳槽

职场中的不少工作做到一定程度都会使员工有类似的烦恼，即事业会遇上一道坎，很难跨越，在这一阶段里，个人事业有了一定程度的奠定，但接下来怎么发展却走进了一个死胡同。这个时候，就需要对职业发展方向重新做一个规划。要清楚你究竟是适合做这一行，还是适合做类似的职务？你是适合为别人打工，还是适合自己当老板？无论如何，你要知道，越往高走，对个人能力的要求也就越高。

跳槽是一把双刃剑。过于频繁地更换单位或者工作，会不利于专业经验和技能的积累。跳槽的想法90%以上的人都有过，光是想没什么关系，如果不只是想，还真的要跳，那么还是要三思而后行。

跳槽后发达的人不少，但跳槽后做得不如老本行的也很多，甚至好多人都会回归老本行。

那么，跳槽前要三思，都思什么呢？

首先，自己的本行是不是没有前途了？同行的看法如何？专家的看法如何？如果真的没有多大发展，有无其他出路？如果有人一样做得好，是否说明了所谓的"无多大发展"是一种错误的认知？

其次，想想自己是不是真的喜欢这个行业？或者这个行业根本无法让你的能力得到充分的发挥，换句话说：是不是越做越痛苦。

对自己未来所要换的行业的性质及前景，你是否有充分的了解？自己在新的行业中是不是能如鱼得水？对新行业的了解是来自客观的事实和理性的评估，还是急着要逃离本行所引起的一厢情愿的自我欺骗？

第三，跳槽后，会有一段时间青黄不接，甚至可能影响到生活，自己是不是对此做好了心理准备？不管遇到任何的困难和挫折，都要坚定地走下去？

如果一切都是肯定的，那么你可以放开一切，抓紧时间理性、果敢地调转航向，尽快进入自己喜欢的、有发展空间的职业。

不过，有很多事情常常出人意料，事先的评估和判断都很好，真正做下去才发现不如预期的那么顺利和乐观，转行也是如此。因此，跳槽之前三思而行，想好了再跳，才能越跳越高。

4. 适当地放松娱乐

中华英才网总裁张建国建议，白领首先要乐观；二是要宽容；三是学会排解苦闷和进行宣泄；四是学会转移，当对工作感到极度厌倦时，不妨休假几天，做些放松和娱乐。一些公司会在一定的恰当的时间安排自己的员工出去游玩，大致也是这个目的。

有些人上岗工作只知道拼命干。一开始在晚上加班 1～2 小时，不久便整星期地加班，最后连周末也成了办公时间。实际上，工作成了霸占他全部光阴的蛮横宾客。这类人除了工作，几乎没有任何社交活动，这样时间长了，不免会对自己的工作产生反感。

工作步调不断加快，得失之间也变得鲜明无比，情绪的变化常把自己搞得头昏脑涨，稍有心态调整不当，就有可能落入情绪忧郁的恶性循环中。在自己工作情绪不好时，您可以通过各种方法来排遣它，如跑到室外用自己不满的拳头在受气包上、墙壁上、小树上肆意打上几拳或对着天空大喊几声，您的心情肯定会变得好起来。

可以把自己的得失与朋友倾诉，特别是在坏情绪降临心头时，可以先做做深呼吸、伸伸懒腰，再去找一位知心朋友随便聊聊天，聊天之后您的低落情绪就会不知不觉地被迅速化解掉。

也可以多虚拟和展望一下自己成功后美好的时光，回忆一下过去的辉煌以及别人对自己的赞美，以改善心中的郁闷。听听自己喜欢的音乐，也是放松自己的有效方法，轻松、明快的乐曲总能带自己到"快乐老家"，不管情绪有多不好，只要听一听自己喜欢的曲子，顿时就能感受到神清气爽。想办法暂时告别工作中的压力，轻松轻松，不仅便于发现生活中的乐趣，也能为再次做好工作鼓足干劲。

如何抓住晋升机会

你也许有过这样的经历或体验吧，当你刚刚走出学校的大门，成为某个企业的一位职员时，你会感觉到自己与一同进来的人不相上下。但一段时间过后，总会有人在一些偶然或必然的场合有意显露自己独特的能力与才干，显得与众不同，并逐渐受到上司的推崇与器重，从此在晋升路上春风得意、快马扬鞭。

谁都想晋升。因为没有人愿意躲在别人的光环下，碌碌无为地虚度自己的一生；也没有人愿意一把椅子坐到老，重复着昨日的故事——每个人都渴望个人的事业不断有新的突破，让自己的人生价值得以充分体现和展示。

然而，晋升之路如同狭隘崎岖的蜀道，阻力重重。具体来说，在晋升道路上存在5个方面最大的阻力，其阻力从大至小依次为：不能正确地认识自己、上司的压力、同事的阻力、自身情况的影响以及能力和才智的影响。接下来，我们逐一分析这些不同级别的阻力影响。

(1)不能正确地认识自己。在通往权力与荣耀的道路上，最大的阻力是什么？不是嫉贤妒能的昏庸上司，也不是虎视眈眈的竞争者，最大的阻力，是不能正确地认识自己。

任何人都会认为只有自己才是最了解自己的人，但事实上果真如此吗？其实不然。

如果你"完全不知道自己本身的实力，而过一天算一天"，那实在是一件非常遗憾的事。

相反的，如果你处在完全不知道自己缺点的情况下，也是一件不幸的事情。所以，要正确地认识自己，无论是优点还是缺点，这样在晋升的道路上才能有自知之明。

(2)上司的压力。同上司的关系、沟通是晋升能否成功的关键。"和你的上司搞好关系"永远是你必须熟记的生存守则。晋升也好，加薪也罢，你的前途和命运有绝大部分的"股份"掌握在上司的手里。

(3)同事的阻力。千万不要以为只要得到上司的赏识，就可以晋升无忧。其实，在提升你做高职之前，上司一定会去了解你和同事的关系怎样。

竞争和利益使得职场中人际关系显得十分微妙。有时你会遇到一些小人，他们以背后议论、讥讽别人为乐事，又爱在上司面前打小报告；有时那个和你走得不远不近的人，也会因为你无意间的一句话伤了自尊心，从而转变对你的中立态度。这些琐碎无聊的人与事会对你能否尽快晋升起着一些看似不大，关键时刻却能致命的作用。

(4)自身情况的影响。家庭因素和身体状况将会直接影响晋升的成功与否。

家庭的压力或负担会影响你的情绪，从而打乱你的职场发展计划。有的女性因孕期、产期等原因不得不离开一段时间，于是有些晋升机会就此错过，或者由于承受太多的精神压力，付出太多的体力而使身体越来越吃不消，各种心理疾病接连出现，从而对正在实施的升职计划心有余而力不足，不得不停止向高峰冲刺的脚步。所以，上班族在懂得如何工作的同时，更要学会爱惜自己的身体。

(5)能力和才智的影响。如果把正在前进的你比作一辆疾驶行进的电瓶车，那能力、才智与知识就是电瓶中的蓄电量。职场中大大小小的坎坷其实也足以让你意识到自身素质的重要性。

为了自己的晋升计划得以顺利进行，我们必须清楚自己的弱势所在，同时学会在最佳的"角度"和时机展现出自己最优秀的一面。比如你虽然不是很懂策划，但对市场有很强的洞察力，那你不妨在会上大胆地向各有关人员提供相关信息；虽然你的口才不好，但是写起总结、计划或报告却如行云流水，那你就尽量用文字与上司进行沟通以引起他的欣赏，这些都是你脱颖而出的资本。

那么，如何克服晋升途中的阻力，抓住晋升的机会，在众多竞争者中脱颖而出呢？

1. 制定晋升计划

一个人建功立业居庙堂之高，看似偶然，实则不然。如果我们细细追究起来，都是有迹可循的。

仅有善解人意的人情世故不行，仅有眼镜后面的发达大脑不行，仅有咬碎钢牙的决心也不行，要全方位地在心中拟好你的晋升计划。

要想晋升，你就要脚踏实地，把计划落实好。

如果有人问你"今年 1 年里及未来 5 年中有什么明确的目标"时，你会怎么回答？假设你的回答是：我没有想过，我不清楚。那么你未来的发展，就陷入泥沼中了。

人们对于未来，向来是抱着顺其自然的态度，很少有人会认真地思索，总认为"命里有时终须有，命里无时莫强求"。其实这种看似乐观随缘的想法，是一种不负责任的懦夫态度。

也许你会说："有的，我有计划，我计划在我 50 岁时当上省长！"是的，你计划当省长，可你现在还只是一个小小的科员。应该赞赏你的勇气，但是，仅仅有这样一个笼统的计划就足够了吗？不，你的计划应该是一个完整的计划，包括你何时当科长、何时当处长、局长……一直到省长。而这当中的一步一步，你又如何去实现、去完成，都应是你计划中的一部分。

晋升就像你想要的房子，你要先把房子的蓝图画出来。你要在哪里盖房子，你的房子是平房还是复合式楼房？准备什么时候盖？要用多久的时间盖好？什么时候搬进去？

晋升蓝图的制订，要遵循下列原则：

(1) 设定期限。分别订下长期、中期、短期之类的目标，期限可完全根据自己的实力制订，不可太松也不能太紧。

(2) 用书面写出来请人帮你监督。

(3) 经常审查你的目标，给自己一个定时器。

(4) 把不必要的目标删除，以免干扰。

(5) 变更与修正：有时由于客观环境的变化，目标可随时变更或修正，但不应轻言放弃。

(6) 利用想象：拟定目标后，设法利用想象，想象自己成功后的美好时光，以之来刺激你。

计划制定出来只是万里长征走出了第一步，能否晋升则更取决于你如何执行你的计划。

伟大功业的建立，不在能知，而在能行。当你知道要如何才能攀越巅峰时，你应抓紧时间行动。

执行是人生中、工作中最平凡也最常见的词汇，但对于绝大部分人来说，也是最难做到的事情。制定一个行动计划是相对容易的事情，但是成功地实践这个计划却是另外一回事了。

当你执行晋升计划的时候，保持自我约束的能力则是计划过程中重要的原则，对于你的升职来说，这也是一项先决条件。如果你期望执行一项彻底、完美的晋升计划，这就意味着你已经开始了良好的组织计划。

2. 储备知识的干粮

知识，一直是人类在历史上阔步行进的精神食粮，是人开展工作和安排生活的基本条件。没有相应的知识，工作就不会成功，更不用说得到晋升了。

首先，要建造"最佳知识结构"。

所谓知识结构，是各类知识在人的头脑中按照一定的比例形成的能够产生整体功能的有机组合。有意识地建造最佳知识结构，是各类领导人才进行自我完善的一项重要目标。

在通常情况下，建立最佳知识结构，应注意以下几点：

· 广博

只注意与工作有直接关联的事物，很可能成为井底之蛙，只能做一些有限的工作。这样一来，在不知不觉之间，人就会沉于墨守成规，而成为所谓的"专业愚才"。

博，是知识基础；精，则是知识支柱。现代管理活动对各类领导人才的知识精度，提出了十分严格的要求。

知识的积累必须强调明晰的指向性，即进行有目标的定向积累。这样就能像探照灯那样，射出明亮的、能够照亮远方目标的"光柱"。

·活用

领导人才要建立自己最佳的知识结构，就必须积极参加丰富多彩的实践活动，多方面、多角度地积累各种感性知识和实践经验，不断活用书本知识。这种对知识的活学活用，是对他人积累的理性知识的一种消化过程，同时又是一种必要的验证和发展。

其次，针对不同领域的晋升要有不同的知识准备。

个人事业的目标不同，事业领域不同，为获得晋升所做的准备也会有不同的侧重。

如果你期望在工商业领域得到晋升，那么就需要有比较精深的工商实业专门知识以及广博的一般性知识，这是在商业界发展所必需的基础。

如果你想在学术界得到晋升，那么对你来说，最重要的就是要有非常专深的知识，在你所从事的学术领域有关学术问题的讨论上有自己独创性的见解，这就要求你必须在智能培养方面投入更大的力量。

如果你想在政界得到晋升，担负起国家和民族的历史责任，不仅要有一个好的身体条件，也要不断提升和完善自身的素质，从品性方面来看，道德品质显得尤为重要。在政界发展，人品好坏常是人们首当其冲考虑的问题。

第三，不同层次的职位要有不同的素质要求。

无论哪一类别的领导人才，都可分为高级、中级、低级3个层次。人才领域有人主张：高级领导人才应具有比较渊博的知识和较高的决策水平。中级领导人才具有较强的处事能力和组织能力，善于处理较复杂的上下级纵向关系和部门与部门之间的横向关系，能够准确领会上级意图，并将上级意图结合本地区本部门实际，制定出切实可行的贯彻计划，交给基层单位付诸实施。低层领导人才则应具有较高的办事效率和解决烦琐问题的能力。

3. 主动争取晋升机会

真正的成功者从不等待幸运女神来敲门，因为他们深知机会其实是自己争取来的。"毛遂自荐"的故事对我们是深有启发的，它之所以千古流传为佳话，不仅在于毛遂有才、有智、有谋，主要还在于毛遂不守株待兔、坐等良机，而是利用自己的勇气和胆量主动争得了荐才、显才的机会。下级欲晋升成功切不可一味等待伯乐上门视才，而要主动争取施展才华的机会，即使伯乐上门相才，也须以有人显露才华的迹象为依据，才能相中。那怎样表现自己，争取机会呢？

（1）**要抢着做最热门和领导最关心的工作。**所谓热门工作，是指切中社会热点，被上级领导和本单位同事们普遍看重，对社会进步和经济发展至关重要的工作。

但是，在一些特殊的情况下，关键部门不一定能做上热门工作，非关键部门也可以把热门工作拿到手。

如果我们能以敏锐的观察力理解一个时期内领导的工作思路，以自己的最大才智和干劲把领导目前最关心的事情办好，那么，无论在业绩上还是在上下级关系上，都能收到事半功倍的效果。

（2）**要争取汇报成绩的机会。**某局有两位处长：老李和小王，老李分管的是一个"大"处，事务较多，小王分管的是一个"小"处，事务相对轻闲，两人的工作都十分出色。

局里每个月都要派老李和小王向市里有关领导做例行的工作汇报。老李是个实干派，对此类"嘴皮子上的工夫"不大注重，经常在汇报前准备不足，甚至有时因工作上的事而迟到片刻，所以老李的汇报总是被市里领导的秘书安排在最后。每次等到老李发言，市里领导不是哈欠连天就是不停地看表，催促他："简单一点，快点说！"

小王对于汇报的态度则与老李有天壤之别：他每次汇报前都预先打好腹稿，并将要点记在纸上，以免遗忘。他每次都要求第一个汇报。在汇报过程中，他不但谈自己的工作，还会把处里的好人好事表扬一番。

一年后，该局的局长另调他处，局长位置出现空缺。经过上级领导的甄选，决定由小王升任局长。

下属想要获得晋升机会，除把工作做好外，还要善于汇报成绩，让上级领导知晓你的业绩。

4. 职位竞争两忌

一忌扬短避长进行职位竞争。如果你通过竞争得到的职位并不符合你的专长，你在这个岗位上，很可能会无法发挥自己的一技之长，这种得不偿失的晋升是值得认真考虑的。

如果这种晋升机会对你来说不是扬长避短，而是扬短避长，那么实际上你会失去今后更多的机会，同时也会逐渐使自己已有的才华和能力退化。

在自己不熟悉、不适应的岗位上和环境中工作，在自己不擅长的业务上暴露了自己的短项，而埋没了自己的长项，对这种情况就需要加以慎重考虑了。

二忌与强硬后台者竞争。由于人事回避制度的建立，直接把自己的亲属、儿女、子弟安插在自己身边做事的现象现在已不多了，可是，上层大人物硬派来的、方方面面关系以交换的形式交叉安排人的现象还时有发生。作为一般的裙带关系，他们要的仅仅是一个位置或一个饭碗，倒也不必大惊小怪。可是，有一些强硬的裙带关系，他们不仅要占一个位置，要端一个饭碗，还要抢先提拔，抢先提高各种待遇，致使别人奋斗几年甚至十几年却一无所获。遇到这样的情况，我们应当提醒领导注意影响，并号召群众加以抵制，使他们的欲望有所收敛。但是，如果你的领导为照顾关系，尤其是还想利用这种关系来巩固自己的地位，而你目前的力量还抵制不了这种不良现象，你就得暂时先避开他们。

有时，一些领导新到一个单位任职后，为了顺利地实施自己的一些工作方略，常常把自己原来比较得力的老部下调到身边来担任一些重要事务。这类事，虽然算不上是什么裙带关系，但是，这些具有"老关系"的人被领导信任的程度是大大高于我们的。而且由于他们熟悉领导的工作方法和特点，在竞争实力上自然是占有优势的。在这种情况下，我们采取适当回避的方法则是上策。

同事抢了你的功劳，如何应对

当你挖空心思想出一个好主意，或者你勤奋工作为公司发展做出了极大贡献时，有人却试图把这份功劳归为己有。面对这种情况，你该怎么办？是气急败坏当场找人理论吗？可是或许你根本无凭无据，证明不了自己付出的努力，结果只能贻笑大方。可是吃哑巴亏又多少心不甘情不愿，因为可能以后自己再也做不出这么好的成绩，这口气又实在难咽下去。那到底该怎么办？下面的几种方法或许会对你有所帮助。

1. 防人之心不可无，做好两手准备

丽莎在一家大的电脑公司做广告设计。一天上午，部门经理霍夫曼先生把大家召集到办公室开了一个会，通知大家，公司将为新推出的一款最强劲的电脑做一个非常特殊的广告。部门经理告诉大家这次设计与往常不同的是，不是由他们部门推选出最佳的设计作品，而是由总经理亲自从广告部员工的作品中挑选最好的设计。被挑中的员工将负责这个广告的操作，并会得到一笔丰厚的奖金。部门经理还告诉大家上交作品的时间是12号，获胜者将于16号揭晓。

16号早上丽莎觉得异常激动，因为她对自己上交的设计非常满意，她非常有可能赢得这次设计。但是当她走到宣传栏时，她呆住了，因为她发现获奖者不是她，而是苏珊。苏珊的作品与丽莎的非常相近，所不同的是苏珊说明得更详细些。

丽莎突然意识到肯定是苏珊抄袭了她的作品，因为她记得有一天她吃完午餐回来的时候发现苏珊正靠在她的办公桌旁看她的笔记，而笔记本上记的正是丽莎的设计作品。这时候丽莎回忆起同事们曾经议论过苏珊，好

像她以前也做过类似的事情。丽莎感到有些困惑，她并没有任何证据可以证明苏珊抄袭她的作品。

刚开始时，丽莎也想了很多的应对方案，但是似乎没有一种方案可以解决问题。那么她应该怎么做呢？"等一等，"丽莎想，"是否我的思维方式有问题呢？也许应该改变的是解决方法，而不是问题本身。问题并不在于苏珊是否抄袭了我的设计方案，而在于我啊，我为什么把设计作品放在办公桌上呢？未免太粗心了吧？"这次丽莎想对了，她抓住了问题的实质。

重新考虑这个问题已经无济于事的了，因为事情已经发生了，但是丽莎懂得了问题到底出在了什么地方，之所以出现问题是因为她太粗心了。她已经明白与其说要扭转当前的局面，还不如采取措施杜绝以后发生此类事情。因为虽然这次失败了，但只要保证以后不再犯这样的错误，从长远来看，今后还会受益的。做自己力所能及的事情，努力去改变自己的弱点，就是一个非常宝贵的教训，会帮助自身避免许多麻烦。

丽莎意识到她根本不能够确定周围的人到底是诚实还是不诚实——因此她会视情况而定，来判断别人到底是否诚实。这样，她就做好了两手准备，做到了害人之心不可有，防人之心不可无，从而杜绝了类似事情的再次发生。

2. 用写信澄清事实

当然，写的信不能有任何坏的影响，信的内容一定不能让对方产生不快。写信的主要目的是为了委婉地提醒一下对方，自己当初随便提出的想法，是怎样演变到今天这个令人欣喜的样子的。在信中适当的地方，你可以写上有关的日期、标题，可以引用任何现存书面证据。

在信的最后要建议进行一次面对面的讨论，这是很重要的，这能让你有机会再次含蓄加强一下你的真正意思：这主意是你想出来的。

如果真的有人把你的功劳抹杀了，想把功劳归属于自己，那么这个方法能为你争回功劳起一定作用。

3. 夸赞挖你功劳的人，然后重申功劳是自己的

说这番话的时候，要再一次对这位同事的独一无二的才能和见解大加

赞赏。这种方法对职业女性来说特别需要。很多研究者发现，女性员工喜欢从"我们"的角度——而不是"我"的角度来做事，所以她们的想法和首创就常常会被男性同事挪用。如果着眼于事情的积极一面——你的同事也是想方设法要干出最好的工作，而且他（她）对要做的事情也有独到的看法——也许会有助于你解决这个可能很棘手的问题。

当你觉得这个方法比较适合你应用时，你就早点行动吧，如果等你的同事把你的想法散布开时再行动，困难就大得多了。

4.退出争夺战

初看起来，这似乎不是一种方法，或者不能算是一种很好的方法。但对某些人来讲，这或许是最好的。你应该问一问你自己：哪个更重要，是把这个想法付诸实施，还是独自拥有想出这个点子的名誉？这是一个复杂的问题，特别是对女性来说，什么时候应该跟男同事理直气壮地理论"挪用他人想法"的问题，什么时候又应该为本机构做出一些牺牲呢？在做出决定时，应该考虑一下，要打这场"官司"得花费多少精力。在某些情况下，比如你正要接受一次重要的提升，要付出大量的时间和精力；或者除了"原则问题"之外其他并无妨碍，而要证明所有权只能使你疲惫不堪……也许还会让你的上级生气，让他们纳闷你为什么不能把时间用来做点更有意义的事情。在这些情况下退出争夺战显然是明智之举，是上上之策。

成功地让老板加薪

加薪是职场中人经常遇到的问题，通常，许多公司每年都会对员工的薪酬进行一些调整，在调整薪酬时，也会根据各人的表现并结合其加薪要求做出决定。

但并不是所有的公司都会细致入微地体贴员工，随时给员工加薪。

　　小碧在一家公司干了将近 1 年了，工资却只比开始的 3 个月提高了 100 元，仍然少得可怜，而她的活却没少干，经常加班到晚上九点，而且有时周末也不能休息。一天，她与一同进公司的一位同事聊天，同事无意中说出自己的工资，竟然比她高一倍多，她顿时惊愕极了，继而又气愤不已，急忙要求同事说明原因。同事告诉她，要想提高工资，就得适时合理地向老板提出加薪要求，小碧恍然大悟，原来加薪还得自己主动提出，老板是不会轻易提出给你加薪的。

　　如果你警觉目前的薪水不值得再等待下去，不妨蓄势待发，另寻发展；如果你表现突出，觉得自己的能力、业绩足以超过别人，总之你有把握让老板知道你值得加薪，那么你就不妨大胆地把你的要求提出来。但是这也需要讲究技巧，巧妙地提出加薪请求。那究竟要怎么做？该如何提出加薪才能如愿以偿呢？这里的锦囊将给你一个完美的答案。

1. 知己知彼，掌握先机

　　提出加薪前应了解公司内外和你担任相同职务的人薪金多少，证明自己薪水确实比别人低的事实。要想不动声色地探知同行间的薪水状况，可以试试以下方式：

　　到职业介绍所或人力资源网站等相关的机构拜访和咨询，可以获悉各行业基本的薪资范围以及自己是否有当面议薪的工作机会。

　　浏览了各行各业的招聘启事后，你可以进一步寻求相关领域前辈的意见。这时记得先自我介绍，表明自己在这个行业的资历及负责范围，最好能真实明确地说出目前所遭遇的状况，让对方深入了解，这样有助于获得如何加薪的最佳建议。

　　浏览了网络、招聘广告以及获得前辈的指导后，你不妨投寄履历、应聘薪金合理、感兴趣的工作，试试看是否有进一步面试的机会。毕竟，用人单位根据具体情况所做的评估，才是最实际且最有用的回报。

2. 提出时机莫唐突

　　不要大张旗鼓地让所有人都知道你要向老板要求加薪，因为这样会激起别人的"红眼"和不满，甚至会掀起一阵员工要求加薪"风"，这样一发而不可收，老板当然下不了台，束手无策了，他恨你还来不及，怎么会给你加薪呢？所以，你要选择在别人不知情的情况下单独和老板谈，这样老板才会考虑。

在合适的时机提出加薪，包括：

(1) 当你在公司中的重要性发生变化时，提出加薪是很合适的。这些时机包括，通过学位认证或专业资格认证，争取到一个大客户，想出金点子降低了成本，高效地完成了工作，改进了公司运作情况。

(2) 在你接到其他公司的工作邀请时，也是要求加薪的好时机，如果你正在考虑来自其他公司的工作邀请，并期待更高的薪水，那么这时候到老板办公室里谈薪水是很合理的。

(3) 比起工作时间或业绩评估，加薪机会更多地依赖于市场情况和商业因素。如果公司正要雇用更多员工，那么这是要求加薪的黄金时期。因为招聘成本很高，翻阅一大沓的简历，面试一大批的求职者的程序相当烦琐，这时候，老板当然不愿失去一个好员工，而去雇用更多的人再进行新一轮的培训。

(4) 要求加薪的最自然时机是你定期的业绩评估，因为这时候公司要对薪水情况进行评估。为了增加加薪的机会，就要向你的老板证明你的价值，并想出加薪的合理原因。加薪的关键在于你向老板证实了你的贡献超出基本标准，并多于你目前工资所反映的价值。如果你能说出为公司财政所做的贡献的具体金额，也就能增加成功的机会。在业绩评估时另一个值得考虑的方法是研究针对你目前职业的薪水调查及市场数据等情况，并准备好向老板提出过去几年中你所取得的成绩和特殊贡献。

(5) 不要在公司运营不佳的时候提出加薪要求，要在公司发展情况十分不错的时候提出。

(6) 要注意在老板情绪较好时提出，如果老板遇到什么不顺心的事正在郁闷时，你闯了进去要求加薪，当然是碰壁了。

(7) 保障自己工作的福利。除了薪资优厚，相对的各种福利，也就是工作的附加价值也要有保障。或许你认为目前公司所支付的薪资根本不足以匹配你的身价，自己也另有打算，蠢蠢欲动地想跳到高薪的工作环境，但切记要三思而行，若仅有高薪而缺少应有的福利，比如公司不愿支付额外的生产补贴或是假期补助，劝你还是打消此念头。

所以，加薪时应切记以下几点：

(1) 在没有看清数额是否合理时不要被动接受开出的薪水。

(2) 在老板疲于应付财政问题时不要要求加薪。

(3) 在没有充分的业绩记录支持时，切勿要求加薪。

(4) 在你的老板正因其他事情而承受压力时，不要提出加薪要求。

3.坦诚说明加薪理由

坦诚说明加薪理由之前须明确是谁决定你的加薪幅度。决定你工资高低的这个人未必是你的上司，可能是公司内部其他部门的人员。要知道，即使你有全面的理由，但若找错倾诉对象，那么费尽口舌也是枉然。

上司都非常关心公司账目的收支平衡，所以，当你提出加薪要求时，你需要让他们知道你为公司节省了多少钱或换取了多少经济效益，以此作为你要求加薪的理由。为了说明自己应比其他同事获得更高的薪酬，你必须有礼貌地提醒上司，你是怎样全心全意工作的。记住，你应举出具体时间、工作性质和工作经过，光说自己比别人勤奋和出色还不够，你需要用证据来说明。

你的工作表现绝对关系着薪水的高低。倘若你的成绩优异，工作也极富挑战性、专业性和独特性，顶头上司也视你为手下爱将，种种的事实证明你是位难得的优秀员工，那么，薪水势必也会有明显且令人满意的提升。

有的工作因为难以量化，或者有时因为管理者的忽视，虽然绩效不错却未必能得到相应的报酬。比如，你协助主管完成了一个项目的规划，但后来随着项目的终止，主管很可能就会忘记你在这项工作中的出色表现。因此,在创造绩效的同时，要力图使绩效"可见化"。如为自己建立绩效清单，内容包括任务内容及目标、任务结果绩效等，在年终考核面谈时，作为争取较高的绩效评估的有力证据。

24 岁任职公关专员的欣惠陈述亲身体验："从整个大环境来评估，去年我每个月的平均所得其实差强人意。但我觉得自己绝对物超所值，应该有更高的薪金，于是我列出去年所经手的计划及执行成果，向公司证明自己的工作表现。"

欣惠向上司列举为公司所赚取的各项利润以及旗下客户愿意继续合作的稳定度分析。她以铁一般的事实向公司争取加薪10%，欣惠开心地说："出乎意料，公司居然给我加了足足15%的薪水！"

4. 相时而动，勤加练习

向老板争取加薪，唯一的方法就是事前不断地自我练习，任何人、甚至是你的爱人，都可以是练习的对象。谈判前做好准备，至少走进上司办公室时，不至于惊慌失措，也可以不紧不慢地将意图表达出来。

首先，你可以开门见山地表达想要加薪的理由，尽量列举工作表现的事实，有礼貌地一一陈述，切勿冲动。你可以参考以下方式：在人才市场里，和我相同职位的待遇平均3500元，而过去半年来，我也尽全力完成公司所交代的任务，借这个机会，希望公司可以重新评估我目前所得的3000元薪水。在谈判过程中，你必须让自己掌握随机应变的筹码，接受上司当场对你弹性调整的心理准备。

当然，天下没有白吃的午餐，若老板不答应你的加薪请求，先别垂头丧气、急着想调头就走，不妨当场讨教上司到底怎样才能达到加薪的要求。若老板真凭实据地列举你有待改进的部分，要谨记在心，及时改进以作为下次谈判的筹码。若老板只是打哈哈随便应付，或许你可以使出"离职"这个撒手锏来加以试探。但是，提出离职只是一种试探，除非你早已留有后路。否则，一旦评估有所闪失，或许老板也会将错就错地答应你的要求。那时，可谓是赔了夫人又折兵。

5. 改变自身，忌做以下6种人

升职加薪是我们每一个在职场打拼的人所期望的，可是以下6种人恐怕难有升职加薪的机会。

（1）**伴娘型**。这种人的毛病不在于做不好工作，而在于不能充分发挥自己的潜能。在你用心时，你的工作是一流的，但你的处事态度始终像伴娘一样，不想喧宾夺主，也不想发挥主动性，这阻碍了你升迁晋级。

（2）**鸽子型**。勤于工作，也有技术和才华，但由于工作性质或人事结构，所学的知识完全与工作对不上号。别人升迁、加薪，你却只是增加工作量。对这种境遇，你早就不满，但你不能大胆陈述，而只是拐弯抹角地讲一讲，信息得不到传达，或根本被上司忽视了。一切全因你像一只鸽子一样温驯，用非所长而又不思去改变。

(3) **幕后型**。工作任劳任怨，认真负责，可是你的工作却很少被人知道。别人总是用你的成绩去报功，你内心也想得到荣誉、地位和加薪，但没有学会如何使人注意你和关注你的成就，从而获得赏识和重视。一些坐享其成的人在撷取你的才智后，被冷落的你只能面壁垂泣。

(4) **仇视型**。这种人不是说不自信，甚至说是自信过了头。在工作上很能干，表现也很不错，却看不起同事，总是以敌视的态度与人相处，与每个人都有点意见闹点冲突。行为上太放肆，常常干涉、骚扰别人。

(5) **抱怨型**。一边埋头工作，一边对工作不满意；一边完成任务，一边愁眉苦脸，让人总觉得你活得被动。上司认为你是懈怠工作、爱发牢骚的人，同事认为你难相处，结果升级、加薪的机会都被别人得去了。

(6) **水牛型**。对任何要求都笑脸迎纳。别人请你帮忙，你总是放下本职工作去帮忙，自己手头落下的工作只好另外加班。你为别人的事牺牲不少，但很少得到赏识，背后还说你是无用的老实。在领导面前不敢坦陈自己的意见，而受到委屈后，只知道到家中发泄。

以上6种不良的工作心态，其共同的特点是不能正确处理自己和他人的关系，缺乏自信心，从而使主观能动性受到挫伤。

所以升职加薪一方面要靠自己，另一方面要学会改变自身。

走出低效工作的困境

21世纪，效率就是企业的生命。企业之间的竞争日益白热化，无论是中小企业还是大型企业都面临着效率亟待提高的问题。

每个办公室都存在效率低下的现象：传真机无法正常工作、文件杂乱无章或是丢失、办公室里人来人往、同事间闲谈过多、被其他同事的坏情绪影响，许多人都因为各种事情的干扰而无法高效工作。

1. 工作有计划

在工作中，每个人都要认识到做出合理计划的重要性。工作有目标和计划，做起来才能有条理，你的时间就会变得很充足，神志不会受扰乱，办事效率也会提高。

你应当计划你的工作，在这方面花多的时间是值得的。如果没有计划，你始终不会成为一个工作有效率的人。工作效率的中心问题是：你对工作计划得如何，而不是你工作干得如何努力。

正确地处理工作忙乱的问题，需要你做事有计划和有目标。这样你就可以把所要做的事情都排出一个顺序，有助你实现目标的，你就把它放在前面，依次为之，并把它记在一张纸上，就成了顺序表。养成这样一个良好习惯，会使你每做一件事，就向你的目标靠近一步。

无论你做的事是多是少，都要拟定一个程序表，尽力按照程序表去做。如果你的工作只需 1 小时做完，便在 1 小时之内完成它，其余的时间去玩乐放松。本来只要 1 小时的事，而拖延到 1 天才做完，实在是愚蠢。如果你的事太多，而时间不够，则选择最重要的做好，把不重要的删去。

工作过度而吃力的真正原因并不是工作太多，而实在是因为没有计划，没有系统。那些习惯毫无计划地工作的人，总是这样想着："我必须工作，我必须工作，我必须工作。"可是，没有计划，你很可能被一些不在计划之内的事缠身，该做的事就做不完。如果你是管理者，你就不能管理工厂里的员工，不能训练他们的专业知识，不能叫他们制造出产品来。如果你每天有计划，那么你在每刻钟之内，都应当晓得做什么事。

罗斯福总统就是一个注重计划的人。他时时把他所该做的事都记下来，然后拟定一个计划表，规定自己在某时间内做某事。如此，他便按时做各项事。通过他的办公日程表可以看出，从上午 9 点钟与夫人在白宫草地上散步起，至晚上招待客人吃饭等为止，整整一天他总是有事做的。当该睡觉的时候，因为该做的事都做了，所以他能完全丢弃心中的一切忧虑和思考，放心地去睡觉。

细心计划自己的工作，这是罗斯福之所以办事有效的秘诀。每当一项工作来临时，他便先计划需要多少时间，然后安插在他的日程表里。因为他能够把重要的事很早地安插在他的办事程序表里，所以他每天能够把许多事在预定的时间之内做完。

在制定日计划的时候，必须考虑计划的弹性。不能将计划制定在能力所能达到的100%，而应该制定在能力所能达到的80%。这是工作性质决定的。每天都会遇到一些意想不到的情况，以及上司交办的临时任务。如果你每天的计划都是100%，那么，在你完成临时任务时，就必然会挤占你已制定好的工作计划，原计划就不得不拖延了。久而久之，你的计划失去了严谨性，你的上司也会认为你不是一个很精干的员工。

2.适当的休息才能高效地工作

我们身边的很多人都在从早到晚地紧张工作着，只要时间被忙忙碌碌地打发掉，他们就从心眼里高兴，感觉自己又度过了充实的一天。其实，如果每天的生活过于紧张，只会让自己的神经长期处于疲劳状态，造成不良的影响。只有学会适当地休息，才能够高效率地去工作。

美国陆军曾经做过好几次实验，证明经过多种军事训练、强壮的年轻人，如果不带背包，每小时休息10分钟，那他们的行军速度就会增加一倍。

而你的心脏也和那些训练有素的军人一样，每天压出来流过你全身的血液，足够装满一节火车装油的罐子。每24小时能供应出来的能力，也足够用铲子把20吨的煤铲上一个6尺高的平台。

你的心脏能完成那么多令人难以置信的工作量，而且能持续几十年之久，那它怎么能承受得起？

实验证明，绝大多数灵敏的人可能以为，人的心脏整天不停地跳动着。事实上，在每一次正常收缩后，它就有一段完全静止的时间。我们按心脏每分钟跳动70下的速度计算，一天24小时，实际的工作时间只有9小时。换句话说，心脏每天有15小时在休息。

第二次世界大战期间，丘吉尔执政英国的时候已经66岁了，但却能每天工作16小时，坚持数年指挥英国作战。他的秘密在哪里呢？

他每天早晨在床上工作到 7 点，看报告，发布命令，打电话，甚至在床上举行重要会议。吃过午饭后，再上床午睡 1 小时。而在 8 点钟的晚饭前，还要上床去睡上两小时，他根本就不需要去消除疲劳，因为毫无疲劳可言。正是由于这种间断性的经常休息，他才有足够的精神一直工作到深夜。

因为人体的特殊生理结构，只要有短短的一点休息时间，就能使人很快地恢复体力。即使是 5 分钟的瞌睡，也至少能支持 1 小时。

发明大王爱迪生说他之所以有无穷无尽的精力，都得益于他随时随地想睡就睡的习惯。

杰克·查纳克是全好莱坞最有名的大导演之一，他也用过这种方法，并且取得了奇效。

他在米高梅公司短片部任经理的时候，常常感到劳累和精疲力竭。为了改变这种状况，他什么方法都用过了，喝矿泉水，吃营养餐，吃维生素和其他苦药，但都无济于事。后来，有人建议他每天自己去"度假"，充分利用一切时间休息，如在办公室和属下开会的时候躺下来休息。

两年后，杰克再见到这个人时，连连称赞是个极好的方法，他说：

"真是个奇迹，以前每次和属下谈短片制作的时候，我总是僵硬地坐在椅子上，整个人高度紧张，而现在我躺在大沙发上开会，觉得比这几十年来的任何一天都好，每天还能多工作两个小时，且毫无倦意。"

由此可见，休息并不是浪费时间，它能够让你在休息的时候做更多有效率的事。如果你每天只是埋头苦干而不懂休息，那就赶快去买人寿保险，万一你遭遇不测，也好为你的子孙后代留下一笔可观的财产。

在自己感到疲劳之前先休息，给自己留出一点时间，放松一下心情，松弛一下神经，你就会以一种饱满的精神状态真正充实地度过每一天。

3. 有条理性拒绝混乱

每次办事的时候总是马马虎虎，好像需要的每一样东西都故意和自己作对，需要它们的时候总是找不到，其实这些都源于办事杂乱无章。即便你总能在满头大汗之后完成工作，但由于不能有条理性地工作，充分地利用资源，也会给上司留下一个毛糙的印象，使他不敢对你委以重任。

文件管理的杂乱无章会造成信息查找的困难，从而造成大量人力和时间的浪费。要解决这一问题，就要保证你和你的员工有条件适时将文件归档。看看是否需要增加文件柜，使所有的员工都能够容易地将文件归类，以便于查找。最后，可以将不常用的文件搬到储藏室去，使员工更容易找到常用的文件。

许多高效率的员工桌面都有一个非常突出的特点——没有杂物，非常整齐。混乱会造成不该有的干扰，降低工作效率。环视你的办公室，看看哪里是造成混乱的根源。它可能是一条乱拉的电话线，也可能是一个放在过道上的盒子，或是办公桌上一台已经损坏了的设备。将用不着的东西移出视野之外，将不再使用的东西扔掉。

4.积极行动不拖延

有些员工总是喜欢把事情往后放，搁着今天的事不做留待明天。很多事情因为做得不够及时而被耽误，效率也就难以得到保障。

习惯中最为有害的，莫过于拖延。世间有许多人都是被这种习惯所累，造成挫败的悲剧。你应该竭力避免拖延的习惯，就像避免一种罪恶的引诱一样。

人们最大的理想、最高的意境、最宏伟的憧憬，往往是在某一瞬间突然从头脑中很有力地跃出来的。凡是应该做的事，不立刻去做，而想留待将来再做的人总是弱者。凡是有力量、有雄心的人，总是能够在对一件事情充满兴趣、充满热忱的时候，立刻迎头去做。

我们每天都有每天的事。今天的事是新鲜的，与昨天的事不同，而明天也自有明天的事。所以，今天之事就应该在今天做完，千万不要拖延到明天！拖延的习惯往往会妨碍我们做事，会摧毁我们的创造力。

决断好了的事情拖延着不去做，还往往会对我们产生不良的影响。唯有按照既定计划去执行的人，才能增进自己的品格，才能有使他人敬仰的人格。其实，人人都能下决心做大事，但只有少数人能够一以贯之地去践行他的决心，也只有这少数人能成为最后的成功者。

你要医治拖延的习惯，唯一的方法就是在事务当前时，立刻动手去做。"要做，就立刻去做。"这是保持高效的格言。

干不出成绩，工作努力更要勤于思考

　　思考是解决问题、促进执行的起点。一个人在执行任务的过程中，如果主动进行积极的思考，就会发现工作中存在的问题，并分析问题，进而解决问题。否则，只会人云亦云，因循守旧，被问题阻挡住执行的进程。

　　比尔·盖茨为此常常告诫他的员工：要带着思考去工作，在工作中思考，更重要的是利用自己所学的知识，思考分析问题，找出产生问题的症结所在，切实地解决好出现的问题。

　　然而，很多员工却没有养成积极思考的习惯。他们只会被动地工作，上司让怎么做，他就怎么做，拿不定主意了，就去问上司，从不肯独立面对问题、思考问题。久而久之，他们就失去了独立思考问题并解决问题的能力。这样的人，让他们独自去执行一项计划或任务，他们是很难胜任的。所以，他们在公司里就很难赢得老板的赏识，老板不敢也不愿把重要的工作交给他们做，他们每日重复的只是那些没有挑战性的工作，这样的人永远不会获得成功。

　　很多人认为，让自己静下心来进行一番独立的思考是一件很麻烦的事情。所以，在处理问题的时候，养成了盲目"随大流"的习惯。结果，让自己在工作和生活中，失去了正确的判断力。

　　他们为此还冒出一些消极的想法，认为思考分析问题是上司的责任，他们只是上司的传声筒，上司手里的一枚卒子，他们要做的就是执行上司的想法。不然，上司还能称之为上司吗？上司还能享受比员工高的薪金和待遇吗？这些理由看似合理，其实是典型的不负责任的表现。他们之所以这样想，是因为他们没有意识到自己对工作的责任，一个人接受了任务，就应该想方设法去完成。如果发现问题，首先要独立思考，去分析问题、解决问题，实在力所不及，再向上司或者同事请教。如果把问题全推到上司那里，是不是会占用上司的时间呢？是否会打乱上司的工作安排呢？更严重的是让你养成了依赖的心理，大大降低执行的能力。如果你把独立思考看作自己的责任，这份责任感就会激发你积极地思考。

一个人如果想在某领域获得成功，除了努力工作外，还必须勤于思考，必须在百忙中把思考的时间留出来。

当一个人在工作中进行积极思考的时候，往往很容易发现工作中存在的问题，尤其是一些很容易被人忽略的问题，接下来再继续进行认真思考，就会找到解决问题的办法。

显而易见，思考在工作中占据着相当重的分量，那怎样才能更好地思考呢？

1．给思考找点时间

心理学家说，如果你每天花费 1 个小时，完全思考某一问题，5 年后你会成为那个领域的专家。

以你自己为例，如果你知道自己还有发展的空间，可以变得更好，你便要寻求如何让自己人生发生建设性的改变。因此，你可以花费 5 年的时间，在这个漫长而艰辛的路上寻找答案，你应该相信，你一定可以找到答案。思考是最大的力量，你不妨花些时间设法掌握这个过程，这样你就可以把握好自己的人生。

找点时间，停下来思考，而你的思考会受到正负两方面力量的影响："正面"是创造性和建设性的因素；"负面"则是令人失望的和破坏性的因素。前者让你进步和改善，后者则让你放弃和伤害。

每个人都可以选择积极或消极、建设性或破坏性地思考及行动。那么，怎么会有人选择消极呢？重点在于，没有人会故意选择消极思考，只是你可能让自己遵循习惯性的积极思考的模式，不断重复。

一旦思考模式被输入到你的潜意识之中，就能造就现在的你。这些模式可以因重新学习不同的、更有效的思考模式而改变，提升你想要改变的认知层次，在想象之中不断重复新的、你想到的学习经验。

所以，给思考找点时间，用积极的思考方式思考。

2. 正确的判断源于独立思考

一个缺乏独立思考的头脑，往往随着别人的看法来辨别是非，按照别人的想法来为人处世，结果丧失了独立的个性，影响了自己的工作和事业。

有这样一个民间故事：

在很多年前，有一对住在偏僻乡村的父子，赶着一头驴子到集市上去。半路上有人批评他们太傻，放着驴不骑，却赶着走。父亲觉得有理，就让儿子骑驴，自己步行。没走多远，又有人批评他们："怎么儿子骑驴，却让老父亲走路呢？"父亲听了，赶忙让儿子下来，自己骑到了驴身上。又走不远，有人批评说："瞧，这当父亲的，也不知心疼自己的儿子，只顾自己舒服。"父亲想，这可怎么办是好呢？干脆两个人都骑到驴子背上。结果又有人为驴子打抱不平了："天下还有这样狠心的人，看驴子都快被压死了！"父子俩脸上都挂不住了，索性把驴子绑上，两人抬着走……

善于表达与上司的不同意见

在工作中，往往会出现与上司意见不同的情形或是与上级管理部门意见有分歧。

毫无疑问，这个关头跟上司叫板需要勇气也需要智慧。言辞不当，会影响上司的心情，也会引起上司的反感，极端化还可能被上司开除，得不偿失。

但是如果不把相反意见表达出来，自己会感觉憋屈，而且如果上司指挥错误出现不良后果影响了工作，最后承担责任的是员工自己。并不是所有的上司都比员工强，也不是所有的上司都能做出百无一失的正确决定。

所以，有了不同意见，要表达，但更要善于表达。

1. 正话反说

古时候，有一位君王的爱马死了，他非常伤心，下令以上等棺木，行大夫礼节厚葬。文武大臣都纷纷阻拦进谏，但君王一个字都听不进去，还下令说谁要再敢提相反意见，一律处死。

所有的大臣都意识到问题的棘手，一个个面面相觑，不敢上前自取其辱。这件事被一个功成身退的老臣知道了，他身穿重孝，进到大殿，失声痛哭，倒把君王弄得异常纳闷，迫不及待地问他怎么回事。老臣说：

"那马是大王最喜欢的，却要以大夫的礼节安葬它，太寒酸了，请用君王的礼节吧！"

君王听了很高兴，但老臣却接下来说：

"请以美玉雕成棺……让各国使节共同举哀，以最高的礼仪祭祀它。让各国诸侯听到后，都知道大王以人为贱而以马为贵啊。"

听完他的话，君王才意识到自己差点犯了一个大错误，于是不再厚葬马。

如果这位老臣一开始就凭借自己的地位，直陈利弊，凛然赴义，固然令人肃然起敬，但效果却不一定好，很可能使君王恼羞成怒。像这样正话反说，力挽狂澜，才让人拍案叫绝。

跟上司提相反的意见，有些时候你的话是不好直接说出来的，为了避免尴尬，不妨从其反面说起。因为真理再向前一步就变成谬误，同样，反面的话稍加引申，就可能使上司认识到自己的不对，自然就会改变他原来的意见，而且这样上司也不会觉得你不给他面子。

2. 荒谬说理

有一年，秦始皇打算把打猎游乐的园林东延至函谷关，西扩至雍、陈仓一带。这样一来，几千万亩农田将成为牧场。优旃听到这个消息，表示反对秦始皇这一决定。于是，他找了一个秦始皇兴致勃勃的时候探听虚实："听说皇上要扩大园林。"

"有这么回事！"秦始皇得意地说。

"太好了！"优旃说，"园林扩大了，可以多养禽兽，要是敌人从东方来进攻，咱们可以用大大小小的麋鹿去撞死他们！"

秦始皇听了，哈哈大笑，再一想，明白了优旃的话，觉得自己的做法确实不妥，于是把扩大园林的事搁下了。

优旃反对秦始皇的决定，没有直言正谏，因为那样容易触怒皇上，招来杀身之祸。因此，他表面上极力表示赞成，同时也极力把麋鹿的作用夸大到无所不能的地步，"要是敌人来进攻，可以用大大小小的麋鹿去撞死他们"，这显然是一个荒谬至极的结论。这使秦始皇在荒唐中醒悟到不能劳民伤财，只能养精蓄锐，以对付可能的来犯之敌。这种荒谬说理的技巧，在跟上司表达相反的意见时，往往能收到戏剧性的好效果，让上司在一笑之间明白真理，不仅改变了他原本的主意，更重要的是，在这样一个轻松的氛围中，上司能不被你的机智和幽默所打动吗？

3. 先恭维再反对

美国一家国际贸易公司的主管经理设计了一个产品注册商标。在商标研讨大会上，经理解析这个商标时说："这个商标的主题是旭日，象征希望和光明。同时，这个旭日很像日本的国旗，日本人看了一定会购买我们的产品的。"然后他征求国际商务出口部主任的意见，这个主任是新上任不久的一个年轻人，他果断地拒绝使用这个商标。

"怎么？你不喜欢这个设计？"主管经理有点不高兴地问。

"我倒不是不喜欢这个商标。"青年人回答说。实际上，这个青年人很讨厌这种媚日的东西，但是他明白，和经理辩论审美观是得不到什么效果的，所以他只是说："我恐怕它太好了。"

经理转怒为喜，又饶有兴趣地说："这倒使我不懂了，你解释一下看看。"

"这个设计鲜明而生动自然是毫无疑问的，因为与日本的国旗相似，只要是日本人都会觉得亲切的。"

经理微笑地点了点头，示意年轻人继续说下去。

可是这时，年轻人话锋一转说：

"然而，我们在远东还有一个重要市场，那就是华人社会以及东南亚国家，这些国家和地区的人们看这个商标，也会联想到日本的国旗。而且由于历史的原因，这些国家和地区的人们不一定喜欢，甚至有点排斥。这样一来，我们就会不经意损失更多的市场，不是因小失大吗？照本公司的营业计划，是要扩大对中国和东南亚国家及地区贸易的，但用这样一个商标，结果可能适得其反啊。"

"天哪！我怎么没有想到这一点,你的意见对极了！"经理几乎叫了起来。

如果这位青年没有坚持自己的意见,而是对经理唯命是从,让旭日做成商标,将来产品运销到远东之后,生意清淡,存货退回,那时即使明确指出其原因是商标问题,也无可挽回了,况且那位青年能推卸责任吗？

要向你的上司表示反对意见时,你必须要有充分的理由,更要说得使他完全信服。但是,说话技巧的运用不能不讲究。上述例子中,那位青年一句"我恐怕它太好了"这样的恭维话,先满足了经理的自尊心,又不会使他产生不悦,同时得到发表看法的机会。然后,具体陈述反对的充分理由,经理听了认为有道理后就不会拒绝了。

4．兼并上司的立场

李先生是一家知名网络企业的总经理助理。他的顶头上司王总是搞学术、技术出身,由于工作重点长期落在研究开发领域,因此对企业管理一知半解。出于对技术的钟情与依恋,王总直接插手技术部门的事,把管理的层级体系搞得乱七八糟,其他部门虽然表面上敢怒不敢言,但私下里无不怨声载道,让李先生与其他部门沟通协调起来倍感吃力。

经过思考,李先生决定采用兼并策略,再次向王总提建议。

他对王总说：

"真正意义上的领导权威包含着技术权威和管理权威两个层面,王总您的技术权威已经牢固树立,如果能在人事、营销、财物方面的管理上更倾心的话,整体的领导权威就能树立得更好。"

王总听后,若有所思。后来,王总果然越来越多地把时间用在人事、营销、财务的管理上,企业的不稳定因素得到控制,公司运营进入了高速发展状态,李先生的各项工作也顺风顺水,渐入佳境。

李先生巧妙地兼并了王总的立场,这的确不失为向上司提意见的好策略。首先,它没有排斥上司的观点,而是站在上司的立场上,最终是为了维护上司的权威,出发点是善意的、良性的；其次,这种策略是一种温和的方式,能够充分照顾上司的自尊,易于被上司接受,效率较高；另外,它需要很强的综合能力,需要很高的社会修养,能够针对不同情况,不断提出有效率的兼并上司立场的意见。当然久而久之,自己个人的领导能力亦会迎风而长，甚至来一个飞速提升。

在实际工作中，上司毕竟也是人，俗话说，人无完人，金无足赤。上司在某些方面有缺陷是很自然的，关键是作为员工要有一个正确的心态，认识到上司也是人，不是神。立场站对后，处理同上司的关系就会顺利得多。

在上司面前，要热情、积极、懂礼节，轻易不要否定上司，说每一句话都要给上司留有台阶，不要把上司赶入绝地，这样对双方都是非常不利的。

另外，对上司委任的职务要积极投入，不要辜负上司的信任。对工作中的困境，不要轻易地在上司跟前抱怨："这事太难了！"这只能显示自己的无能和推卸责任，同时又将上司置于窘境，显得上司没有主见，让上司脸上过不去。

5. 由此及彼

燕国地处僻远，国内人才缺乏。不但外面的有才之人不肯来燕国，就连燕国内人才也都先后离开燕国到别国去寻求发展了。对此，昭王心急如焚，只恐燕国会因此而衰落下去，迟早要被别国吞并。他手下的大臣给他出了一个招揽人才的好办法。郭槐说：

"从前有个国王，非常喜欢千里马，自己却没有，就宣称愿出 1000 两黄金买一匹千里马，却始终没有买到。国王手下的一个侍者说只要用 500 两黄金就可以买一匹千里马。国王喜出望外，给了那侍者 500 两黄金。但时隔不久，侍者给国王带回的却是一大堆死马的骨头，当然是用那 500 两黄金买的。国王大为恼火，侍从却不慌不忙地向国王解释说：'我国能用 500 两黄金买一大堆死马骨头，天下人自会相信国王您是真心肯出大价钱买千里马，这样的话，千里马一定会自动上门的。'事实果如侍者所说，不到 1 年的工夫，这个国家就得到了 3000 匹千里马。既然如今大王真的很想招揽天下的英才以振兴燕国，那么就从我郭槐做起吧，我做事平庸，没有什么大才干，就像一堆死马骨头。如果您对我这个庸才能重用尊敬，那么天下比我有才能的贤人就会知道您确实是求贤若渴而纷至沓来，投奔您的门下，为大王所用。"

燕昭王觉得郭槐说得很有道理，就按照他的建议照办了。昭王处处尊敬郭槐，给他非常高的奖赏，封他很高的爵禄，各方面都给予特殊优待。这样，不到 3 年，天下的贤才就从四面八方奔向地穷山远的燕国，投到燕昭王的门下，为他献计献策。由于国内人才辈出，昭王也公正英明，时间不长，燕国就变得兵强马壮，国家繁荣昌盛了。

郭槐让燕昭王接受他的建议的高明之处在于，由此及彼，以别人成功的例子论证了自己建议的可行性，无形中也为自己营造了成功条件。

给上司提建议，最好自己对该建议能有百分之百的把握，如果能引经据典地以真实存在过的例子为证，无疑会加大自己建议的说服力，让上司切实从内心认可这个建议，看到了建议将要带来的利益，必然乐意接受。

如何成为谈判高手

谈判是社会生活中不可缺少的交往协调方式，不管你喜欢不喜欢、愿意不愿意，每个人都会不知不觉地成为一个谈判者，并经常参与这样或那样的谈判。谈判形式多样，大到关于国家独立和民族统一的纷争，小到家庭夫妻之间的家务分配商讨，还有引进外资、货币信贷、采购推销、招商投标、租赁承包以及商品买卖、求职谋薪、民事纠纷，等等，都时有谈判活动发生。谈判范围之广，可以说涉及人们生活的方方面面，它无处不在，无时不有。在交谈或讨论某些问题时，即使你自己不认为是谈判，其实也正是在谈判。

谈判是一种以自己已有的社会地位与力量作为基础，正确地运用社交和口才来影响他人或集体的行动，从而达到自己目的的活动。谈判是一个过程，整个过程中明显地表露出施受互动、冲突、合作与互惠互利。也就是说谈判不是单一强求与施舍，而是双方的合作，通过谈判求得一个使利害冲突的对抗达到互惠互利的合作的结果。没有对抗，谈判便没有必要；没有互惠，谈判则无法进行。

1. 先发制人

美国商人最具特点的谈判风格是所谓"先发制人，再论其他"。这种风格是基于这样一种思想，即同你谈判的人，是在交锋之前就必须将其击败的对手。这种谈判风格深深地根植于美国人强烈的独立精神、竞争意识、喜好辩论和缺乏耐心的传统之中。

因此，具有明显讽刺意味的是，今天公认的成功的谈判艺术恰恰源于与其截然相反的价值观念，即在谈判中有益的态度是相互依存、合作、讨论和耐心。

谈判不同于解决矛盾。解决矛盾主要是调解公司内部各方之间的分歧；谈判则是解决公司同外部力量——其他公司、客户、政府机构或者消费者集团——之间的分歧。解决矛盾是内部事务；谈判是涉外事务。在解决矛盾时，你作为一个总裁，比任何一个与冲突有关的人员都有更大的权威；在谈判中，你作为公司总裁，则是两名平等的对手之一。

在商业谈判中，斗智斗勇的目的就在于不让对方有可乘之机。须知"一步放松，步步被动"，许多谈判中的失败一方就是这样逐渐走向被动的。所以，成功人士指出，商业谈判时应注意以下原则：

(1) 替自己留下讨价还价的余地。如果你是卖主，喊价要高些；如果你是买主，出价要低些。不过不能乱要价，价格务必在合理的范围内。

(2) 让对方先开口说话，让他表明所有的要求，先隐藏住你自己的观点。

(3) 让对方对重要的问题先让步，如果你愿意的话，在较少的问题上，你也可以先让步。

(4) 让对方努力争取所能得到的每样东西，因为人们对于轻易获得的东西不太珍惜。

(5) 不要让步太快，晚点让步比较好些，因为对方等待愈久，就会愈加珍惜它。

(6) 同等级的让步是不必要的。例如对方让你60%，你可让他40%，如果对方说你应该让我60%时，你可以说"我无法负担"来婉拒对方。

(7) 不要做无谓的让步，每次让步都要从对方那儿获得某些益处。

(8) 有时不妨做些对你没有任何损失的让步。

(9) 记住，"这件事我会考虑一下"也是一种让步。

(10) 如果你无法吃到大餐，便想法吃到三明治；如果吃不到三明治，至少也要得到一个承诺。

(11) 不要掉以轻心，记住每个让步都包含着你的利润。

(12) 不要不好意思说"不"。大部分人都怕说"不"，其实，如果你说了够多的话，他便会相信你真是在说"不"。所以要耐心些，而且要前后一致。

(13) 不要出轨。尽管在让步的情况下，也要保证全局的有利形势。

(14) 假若你在做了让步后想要反悔，也不要不好意思，因为那不算是协定，一切都还可以重新再来。

(15) 不要太快或者做过多的让步，以免对方过于坚持原来的价格；在谈判的过程中，要随时注意对方让步的次数和程度。

2. 步步为营

谈判桌上没有单方面的退让，在你做出各种让步时，你必然也要求对方做出种种让步，后者才是你的目的。称职的谈判者善于在做出让步后向对方施加压力，迫使对方也让步。

那么，如何才能更好地促使对方向你让步呢？

比较理想的方法是一种步步为营的蚕食策略。毫无疑问，你想要从对方手中得到的是一大块好处，但你不可能一下子把它从对手那儿攫取过来。你必须做得不露声色，想方设法把它从对方手里取过来。意欲取其尺利，则每次谋其毫厘，一口一口，最后全部到手。这正如切香肠，假如你想得到一根香肠，而你的对手将他抓得很牢，这时你一定不要去抢夺。你先恳求他给你薄薄的一片，对此，香肠的主人不会在意，至少不会十分计较。第二天，你再求他给你薄薄的一片，第三天也如此。这样，日复一日，一片接着一片，整根香肠就全归你所有了。

蚕食策略有许多好处。由于每次要求的让步幅度很小，对方在心理上很容易接受，在不经意间，对方就做出了让步。即使经过多次让步后仍未实现自己预定的计划，但却已经从这许多次让步中得到了很大的实惠，甚至，这种促使对方让步的方式往往能突破自己的预想，对方的让步结果常常出人意料的好。

下面是买卖双方的一段谈话，从中我们可以更好地体会出蚕食策略的绩效。

"您这种机器要价 750 元一台，我们刚才看到同样的机器标价为 680 元，您对此有什么话说吗？"

"如果您诚心想买的话，680 元可以成交。"

"如果我是批量购买，总共购买 35 台，难道你也要一视同仁吗？"

"不会的，我们每台给予 60 元的折扣。"

"我们现在资金较紧张，是不是可以先购 20 台，3 个月后再购 15 台？"

卖主很是犹豫了一会儿，因为只购买 20 台，折扣是不会这么高的，但他想到最近几个星期不太理想的销售状况，还是答应了。

"那么您的意思是以 620 元的价格卖给我们 20 台机器？"买主总结性地说。

卖主点了点头。

"干吗要 620 元呢？凑个整儿，600 元一台，计算起来也省事，干脆利落，我们马上成交。"

卖主想反驳，但"成交"二字对他颇有吸引力，他还是答应了。

买主步步为营的蚕食策略生效了，他把价格从 750 元一直压到 600 元，压低了 20%。

必须注意，无论客人是谁，你都应拿过账单。邀请的客人越富有，你越应掏钱。这是因为这样做会有意想不到的效果。

3．赞美法

多数人都喜欢别人欣赏自己，欣赏是种肯定能引起对方好感的交往形式。我给你一句好话，你对我产生好感，并非是无条件的。怎样赞美能引起生意伙伴好感呢？

MPA（公共管理硕士）认为，有以下 5 种情况：

第一，难得的赞美。

"我对大家都欣赏，包括你"的赞美和"我很少赞赏人，你是一个例外"

的赞赏相比，后者更能引起对方好感。你是否也有同感？

第二，真挚而热情的赞美。

能引起好感的赞美要发自内心，热情洋溢。如果你赞美对方时，语调呆板，心不在焉，敷衍了事，肯定达不到你所要的效果。

第三，无意的赞美。

无意的赞美即不是有意让被赞美者听到的赞美。对方会认为这种赞美是出于内心，不带企图的。更会又喜又惊地感觉到心花怒放。

第四，具体而确切的赞美。

含糊的赞美，会让对方认为你是在应酬，是因为带有某种企图才来套近乎。如果你适时地、有针对性地赞美，而且言简意赅，观点鲜明，那对方就会为你的赞美所打动。

第五，不断增加的赞美。

有两人听你陈述观点，一人开始就不断称赞你；另一人开始持怀疑态度，但逐渐露出钦佩的神情。最后两个人同声说："你讲得太好了。"如果你是演讲者，你喜欢谁？据调查，多数人喜欢不断增加赞美的人。

在推销学上，所谓的感情联络术，就是通过投购买者之所好，和对方建立关系，缩小心理距离，然后卖掉东西的措施。

4.善用动作与表情

谈判场合手的动作有两种状态：一是配合语言徒手进行，即平时所讲的手势；二是借助一些"道具"，有意摆出某些姿态，配合表情表演一些假动作，也可称为"做戏"。

借助手势可加强或夸大讲话的含义，会产生一种征服的效果。但要注意：动作幅度要适当，强度不能过猛，手势不要来得太突然。

在谈判中，可用于"做戏"的道具主要有笔、本子、计算器、价格表、订单、合同纸、传真、电报、打火机、有关材料，等等。

表示不满时可突然停住手中正在写字的笔，或突然合上笔记本，抬头，锁眉，睁眼，无声地盯住对方的脸和眼睛；双手将桌子上的谈判资料一推，眼睛朝下，或扭头往别处看，口中吐一口气，微微晃动脑袋，人往坐椅后一仰，双腿摇动一两下，双手作整理资料收摊状，等等，均能较好地演出不满的"戏"来。

表示厌倦时手拿着笔，似听非听，只管自己在白纸上画圆圈或小动物、人物之类，双眼不抬，旁若无事的样子；或拿着打火机，做全神贯注的样子观看火苗。女士则可拿出随身带的化妆小镜，左顾右盼，拢拢头发，理理衣裙，作准备结束的架势。这些都在示意对方：不要多说了，我都听厌了，再说下去，我可不奉陪了。

表示愤怒时可突然停住笔，目光有神地盯对方一眼，将手中笔一扔或者将所记的纸一撕；将笔杆在头发上快速擦几下，猛地抽回在桌子上敲几下，双目圆睁，注视对方，做深呼吸状；把手上的资料往一边或桌子前一摔，突然从座椅上站起来，做欲走的样子。

表示关注、推敲和思考时要保持双眼注视对方，时而转动眼珠向下或凝视一下，手不停地像在注意记录对方的讲话；边听对方讲话，边写几行字，要助手提供一些资料，或用笔画出着重号，指着自己的记录稿给助手看；把笔和本子合拢，放在面前，双手合成"A"型，按在前额，稍作沉思状，用计算器随意揿几下，合拢，再微微点点头……这些都能恰如其分地表达出对对方所发表的意见有兴趣或重视，也表示可以认真考虑对方的建议。

表示可以结束谈判时，抬腕看手表，一次没引起对方注意，可以再重复一次；套上笔套，合起笔记本，整理好自己的物品，抬眼无声地看对方；给助手使个眼色或打个手势，起身离开谈判室，在走廊上抽烟、散步。这些都表示：像这样谈下去已没有意思，不如趁早结束。

行为技巧的运用要表演自如，不愠不火，不急不躁，要靠自己在长期谈判实践中慢慢琢磨、锤炼，要善于细心观察体会，不断提高自己的水平。

5.避免谈判错误的常见方法

为避免某些最常见和最糟糕的谈判错误，必须做到以下12条：

(1) 不要随意打断对方的谈话，多听少说。

(2) 坦率提问，加强了解。

(3) 做一些解释性的、幽默的和积极的评论。

(4) 利用休会控制和协调你的谈判小组。

(5) 谈判前，制订一个明确而现实的目标。

(6) 常常进行概述。

(7) 列出解释和说明的重点。

(8) 避免使用没劲的语言，如"我们希望"、"我们喜欢"等。

(9) 不要总是反驳对方，要找共同的话题。

(10) 不要激怒对方。一些过激的言辞会引起对方自卫或攻击性的反应。

(11) 不要对你的建议做过多的解释，以免削弱它的价值。最好用一两个站得住脚的理由来支撑你的建议，这样胜过 100 个无力的解释。

(12) 避免宣泄情感、讥讽、谴责或进行人身攻击。

第二章

管理金钱的锦囊妙计

面对贫穷的困扰，给自己一些野心

有人说，贫穷是一种思想病，许多拥有巨额财富的人都没有令人艳羡的出身、财力雄厚的家庭背景和与生俱来的天才，他们甚至曾经在生存的贫困线下挣扎过。但他们具有野心，敢于冒险，这使得他们摆脱贫穷，获得财富。

法国富翁巴拉昂去世后，《科西嘉人报》刊登了他的一份特别遗嘱：

我曾是穷人，但当我走进天堂时，我却是一个大富翁。在跨入天堂之门前，我不想把我的致富秘诀带走。在法兰西中央银行，我有一个私人保险箱，那里面藏有我的秘诀。保险箱的3把钥匙在我的律师和两位代理人手中。

谁若能通过回答"穷人最缺少的是什么"而猜中我的秘诀，他将得到我的祝贺。当然，那时我已不可能从墓穴中伸出双手为其睿智欢呼，但他可以从那只保险箱里荣幸地拿走100万法郎，那是我给予他的掌声。

遗嘱刊出后，《科西嘉人报》收到大量信件。绝大部分的人认为，穷人最缺少的是金钱。穷人还能缺少什么？当然是钱了。还有一部分人认为，穷人最缺少的是机会，穷人最缺少的是技能，穷人最缺少的是帮助和关爱。总之，答案五花八门。

1年后，也就是巴拉昂逝世周年纪念日，律师和代理人按巴拉昂生前的交代，在公证部门的监督下打开了那只保险箱。

在48561封来信中，一位叫蒂勒的小姑娘猜对了巴拉昂的秘诀。蒂勒和巴拉昂都认为，穷人最缺的是野心，即成为富人的野心。

颁奖之日，主持人问9岁的蒂勒，为什么想到野心，而不是其他。她说："每次，我姐姐把她11岁的男友带回家时，总是警告我：'不要有野心！不要有野心！'我想，也许野心可让人得到自己想得到的东西。"

现今的社会生活中，每个人都想发财，每个人都有一个发财的美梦。

但是，许多人很快就放弃了自己的梦想，于是生活就失去了动力，以后的生活就是混日子了，人生也就失去了意义。这就是大多数人失败而默默无闻的原因。不放弃野心，即使你一辈子都没有实现你的发财梦，你也会觉得不虚此生。只要行动，就会有收获。

致富首先要从"心"开始，强烈的求富欲使你充满动力，致富目标促使你奋勇向前，行动计划促使你稳步上升。你要真正地热爱金钱，认识到没有金钱是万万不能的，立志要成为富豪，不断激励自己，挖掘和开拓自身的致富潜能。

野心绝不是成就，但没有野心，肯定不会有成就。穷人缺少的不是金钱，而是成为富翁的野心。

1. 要有经济意识，有发财的梦想

现代人的观念不同于过去，经济社会的突出特点就是让人们都去努力发财，财富成了现代人成功的标志。经济意识一定要树立起来，要有发财的梦想和渴望，头脑里有这种准备，才有机会发财。没有准备，你就永远不会有发财的可能。

一对犹太父子在美国休斯敦做铜器生意。一天，父亲问儿子1磅铜的价格是多少，儿子答35美分。父亲说："对！整个得克萨斯州都知道每磅铜的价格是35美分，但作为犹太人儿子，你应该说是3.5美元。你试着把一磅铜做成门把看看。"

20年后，父亲死了，儿子独自经营铜器店。他做过铜鼓，做过瑞士钟表上的簧片，做过奥运会的奖牌。他甚至曾把1磅铜卖到3500美元的天价。后来他成了麦考尔公司的董事长。

然而，真正使他扬名的，是纽约州的一堆垃圾。1974年，美国政府为清理给自由女神像翻新扔下的废料，向社会广泛招标，但好几个月过去了，没人应标。正在法国旅行的他听说后，立即飞往纽约，看过自由女神像下堆积如山的铜块、螺丝和木料，未提任何条件，当即就签了字。

很多同行对他的举动暗自发笑，认为他的行动是愚蠢的。因为在纽约州，垃圾处理有严格规定，弄不好会受到环保组织的起诉。就在一些人要看这个得克萨斯人的笑话时，他开始组织工人对废料进行分类。他让人把废铜熔化，铸成小自由女神像；他把木头等加工成底座；废铅、废铝做成纽约广场的钥匙。最后，甚至是自由女神像上的灰尘都被扫下来，包装起来卖给花店。不到 3 个月的时间，他让这堆废料变成了 350 万美元现金，每磅铜的价格整整翻了 1 万倍。

2. 要学会利用自己的智慧

孙叹的家乡在一个偏僻的小寨，祖祖辈辈都过着贫穷的日子。孙叹不甘心成为父辈那样的人，他准备外出打工。

临行前，父亲劝孙叹："你身无分文靠什么挣钱？我们命该如此，你就别瞎折腾了。"

孙叹说："我靠自己的智慧和双手挣钱。"

孙叹带了些干粮离开了家乡，开始了谋生之路。

他坐在一个小厂门前休息，看到一辆载煤的货车经过前面翻浆路面时，总会有许多碎煤撒落一地。他观察到，每隔十几分钟，就有一辆装煤的货车经过此处。

孙叹灵机一动，找到小厂的管理员，借了扫帚和簸箕把碎煤清扫成堆。管理员正为每天门前的煤土发愁，见孙叹这样做很高兴，便雇孙叹天天打扫此地，每天给他 10 块钱。

孙叹很高兴地接受了这份工作，他准备了一个大竹筐，每天将清扫的碎煤装进竹筐里，然后卖给附近的饭店和人家。

很快，孙叹就有了一笔不小的积蓄，他看准买卖牛羊的行情，用积蓄贩卖了一批牛羊，赚了更多的钱。

孙叹就这样靠自己的智慧从一个穷小子变成了一个腰缠万贯的买卖人。接着，他又很快瞄准股票市场，用机智过人的头脑成为股票界的大户。

一个人穷不可怕，可怕的是没有智慧，有智慧的穷人可以变成富裕之人，没有智慧的富人可以成为穷困潦倒之人。

3．要有具体的行动

任何梦想都是在行动中才有可能变为现实，有了发财的梦想就要付诸行动，就要按自己的设想去做，去努力。不行动的人是不会成功的。这种行动不是盲目的，也不是轻率的，而是有计划和具体步骤的，是切实可行的。

杰克·韦尔奇给年轻人的忠告：如果你有一个梦想，或者决定做一件事，那么，就立刻行动起来。如果你只想不做，是不会有所收获的。要知道，100 次心动不如 1 次行动。

在生活中至少存在两种类型的人：一是天天沉浸于幻想中，看不到一点行动的痕迹；二是善于把想法落实到计划中，成为一个敢于行动的人。你是哪一类人？凭你自己的经历，你已经找到了答案。

有人说，心想事成。这句话本身没有错，但是很多人只把想法停留在空想的世界中，而不落实到具体的行动中，因此常常是竹篮子打水一场空。美国著名成功学大师马克·杰弗逊说：“一次行动足以显示一个人的弱点和优点是什么，能够及时提醒此人找到人生的突破口。”毫无疑问，那些成大事者都是勤于行动和巧妙行动的大师。在人生的道路上，我们需要的是：用行动来证明和兑现曾经心动过的金点子。

立刻行动起来，不要有任何的耽搁。要知道世界上所有的计划都不能帮助你成功，要想实现理想，就得赶快行动起来。成功者的路有千条万条，但是行动却是每一个成功者的必经之路，也是一条捷径。

一位侨居海外的华裔大富翁，小时候家里很穷，在一次放学回家的路上，他忍不住问妈妈：“别的小朋友都有汽车接送，为什么我们总是走回家？”妈妈无可奈何地说：“我们家穷！”“为什么我们家穷呢？”妈妈告诉他：“孩子，你爷爷的父亲，本是个穷书生，十几年的寒窗苦读，终于考取了状元，官至二品，富甲一方。哪知你爷爷游手好闲，贪图享乐，不思进取，坐吃山空，一生中不曾努力干过什么，因此家道败落。你父亲生长在时局动荡战乱的年代，总是感叹生不逢时，想从军又怕打仗，想经商时又错失良机，就这样一事无成，抱憾而终。临终前他留下一句话：大鱼吃小鱼，快鱼吃慢鱼。”

“孩子，家族的振兴就靠你了，干事情想到了看准了就得行动起来，抢在别人前面，努力地干了才会有成功。”他牢记了妈妈的话，以约 6700

平方米的祖田和 3 间老房子为本钱，成为今天《财富》华人富翁排名榜前 5 名。他在自传的扉页上写下这样一句话："想到了，就是发现了商机，行动起来，就要不懈努力，成功仅在于领先别人半步。"

也许你早已经为自己的未来勾画了一个美好的蓝图，但是它同时也给你带来烦恼，使你感到自己迟迟不能将计划付诸实施，你总是在寻找更好的机会，或者常常对自己说：留着明天再做。这些做法将极大地影响你的做事效率。因此，要获得成功，必须立刻开始行动。任何一个伟大的计划，如果不去行动，就像只有设计图纸而没有盖起来的房子一样，只能是一个空中楼阁而已。

4. 要有不怕失败、能经受挫折的坚强意志

发财有时候容易，有时候很难，当你面对失败和挫折时只要坚持不懈地努力就一定会有收获的。关键是你一旦相信自己的道路是正确的，你的想法具有可行性，你就应该坚持。

这一天，49 岁的伯尼·马库斯像往常一样，拎着心爱的公文包去公司上班。在 20 多年的工作生涯中，他勤勤恳恳，兢兢业业，才坐到今天职业经理人的位置上，其中充满了艰辛困苦。他只要再这样工作 11 年，就可以安安稳稳地拿到退休金了。可是，他万万没有想到，这将是他在公司工作的最后一天。

"你被解雇了！"

"为什么？我犯了什么错？"他惊讶、疑惑地问。

"不，你没有过错，公司发展不景气，董事会决定裁员，仅此而已。"

是的，仅此而已。他在一夜之间，从一名受人尊敬的公司经理成了一名在街上流浪的失业者。

和所有的失业者一样，繁重的家庭开支迫使伯尼·马库斯必须找到生活来源。那段日子，他常常去洛杉矶一家街头咖啡店，一坐就是几小时，化解内心的痛苦、迷茫和巨大的精神压力。

有一天，他遇到了自己的老朋友——和他一样、同是经理人现在也同样遭到解雇的亚瑟·布兰克。两个人互相安慰，一起寻求解决的办法。

"为什么我们不自己创办一家公司呢？"

这个念头像火苗一样，在伯尼·马库斯心中一闪，点燃了压抑在心中的激情和梦想。于是，两个人就在这间咖啡店里，策划建立新的家居仓储公司，两位失业的经理人为企业制定了一份发展规划和一个"拥有最低价格、最优选择、最好服务"的制胜理念，并制定出使这一优秀理念在企业发展中得以成功实践的一套管理制度，然后，就开始着手创办企业。时值1978年春天。

这就是美国家居仓储公司。仅仅20多年的时间，就发展成拥有775家店、16万名员工、年销售额300亿美元的世界500强企业，成为全球零售业发展史上的一个奇迹。

奇迹始于20年前的一句话：你被解雇了！

是的，"你被解雇了"是我们每个人在人生旅途中最不愿听到的一句话，但正是这句话，改变了伯尼·马库斯和亚瑟·布兰克两个人的一生。如果不是被解雇，他们无论如何也不会想到要创办美国家居仓储公司；如果不是被解雇，他们无论如何也不会跻身世界500强；如果不是被解雇，他们俩现在只是靠每月领退休金度日的垂暮老人。

人生是一次长途旅行，当一扇门关上了，你千万不要把自己也关在里面。因为世界上不止一扇门，一定还有另一扇门，你要做的就是去寻找并打开这扇门！

资金缺乏，先从小钱起步

两个年轻人一同寻找工作，一枚硬币躺在他们经过的路上，高个子青年看也不看就走了过去，矮个子青年却很自然地将它捡了起来。

高个子青年对矮个子青年的举动露出鄙夷之色：一枚硬币也捡，真没出息！

矮个子青年望着远去的高个子青年心生感慨：让钱白白地从身边溜走，

真没出息！

两个人同时走进一家公司。公司很小，工作很累，工资也低，高个子青年不屑一顾地走了，而矮个子青年却高兴地留了下来。

两年后，两人在街上相遇，矮个子青年已成了老板，而高个子青年还在寻找工作。

高个子青年对此无法理解，满是醋意地说："你这么没出息的人怎么能这么快地'发'了？"

矮个子青年说："因为我没有像你那样绅士般地从一枚硬币上迈过去。你连一枚硬币都不要，怎么会发大财呢？"

高个子青年并非不要钱，可他眼睛盯着的是大钱而不是小钱，所以他的钱总在明天，这就是问题的答案。

大钱是由小钱积累而来的，成功的人生是由一系列目标体系组成的，只有循序渐进从小事做起的人，才能一步步靠近成功的目标。你眼前的小事或许正是未来大目标的幼苗和基石，巨大的成功往往都是一系列小成功的积累。

当然，"做大事，赚大钱"的志向并没什么错，有了这个志向，你就可以不断向前奋进。但说老实话，社会上真正能"做大事，赚大钱"的人并不多，更别说一踏入社会就能"做大事，赚大钱"了。

事实上，很多做大事、赚大钱者并不是一走上社会就取得了辉煌业绩，很多大企业家都是从伙计当起，很多政治家都是从小职员当起，很多将军都是从小兵当起，很少见到一走上社会就真正"做大事，赚大钱"的人！所以，你千万别自大地认为你是个"做大事，赚大钱"的人，而不屑去做小事、赚小钱，你要知道，连小事也做不好，连小钱也不愿意赚或赚不来的人，别人是不会相信你能做大事、赚大钱的！如果你抱着这种只想"做大事，赚大钱"的心态去投资做生意，那么失败的可能性很大！

如果你好高骛远，舍弃细小而直达广大，跳过近前而直达远方，不经过程而直奔终点，那么，你离失败肯定不远，百万富翁绝对与你无缘！

所以，在穷困的时候，在资金缺乏的时候，完全可以降低标准，从小钱起步。

1. 利用小钱，把握机遇

古时候，有一个小商主，聪明睿智，具有天生的经营本领。

有一天，他在大街上捡到一只老鼠，便决定以它为资本做点买卖。他把老鼠送给一家药店，得到1枚钱。他用这枚小钱买了一点糖浆，又用1只水罐盛满一罐水。他看见一群制作花环的花匠从树林里采花回来，便用勺子盛水给花匠们喝，每勺里掬一点糖浆。花匠们喝后，每人送给他一束鲜花。他卖掉这些鲜花，第二天又带着糖浆和水罐到花圃去。这天，花匠临走时，又送给他一些鲜花。他用这样的方法，不久便积聚了8个铜币。

有一天，风雨交加，御花园里满地都是狂风吹落的枯枝败叶，园丁不知道怎么清除它们。小商主走到那里，对园丁说："如果这些断枝落叶全归我，我可以把它打扫干净。"园丁同意道："先生，你都拿去吧。"

这青年走到一群玩耍的儿童中间，分给他们糖果，顷刻之间，他们帮他把所有的断枝败叶捡拾一空，堆在御花园门口。这时，皇家陶工为了烧制皇家餐具，正在寻找柴，看到御花园门口这堆柴火，就从青年手里买下运走。这天，青年通过卖柴得到16个铜币和水罐等5样餐具。

他现在已经有24个铜币了，很快他心中又想出一个主意。他在离城不远的地方，设置了一个水缸，供应500个割草工饮水。这些割草工说道："朋友，你待我们太好了，我们能为你做点什么呢？""等我需要的时候，再请你们帮忙吧！"他四处游荡，结识了一个陆路商人和一个水路商人。

陆路商人告诉他："明天有个马贩子带500匹马进城来。"听了陆路商人的话，他对割草工们说："今天请你们每人给我一捆草，而且，在我的草没有卖掉之前，你们不要卖自己的草，行吗？"他们同意道："行！"随即拿出500捆草，送到他家里。马贩子来后，走遍全城，也找不到饲料，只得出1000铜币买下这个青年的500捆草。

几天后，水路商人告诉他："有条大船进港了。"他又想出了一个主意。他花了几个铜币，临时雇了一辆备有侍从的车子，冠冕堂皇地来到港口，以他的指环印作抵押，订下全船货物，然后在附近搭了个帐篷，坐在里边，吩咐侍从道："当商人们前来求见时，你们要通报3次。"

大约有100个波罗奈商人听说商船抵达，前来购货，但得到的回答是："没你们的份了，全船货物都包给一个大商人了。"听了这话，商人们就到他那里去了。侍从按照事先的吩咐，通报 3 次，才让商人们进入帐篷。100 个商人每人给他 1000 元，取得船上货物的分享权，然后又每人给他 1000 元，取得全部货物的所有权。

由于小商主巧作经营，在很短的时间内，以一只老鼠为本，获得了 20 万元钱，成了远近闻名的富商。

这个小故事对于那些想创业的人来说会有所启发。刚创业的人由于资金少，一开始就想赚大钱是不现实的。理性的做法应是从"小钱"开始，利用金钱"滚动"的特点进行资金的积累，等待时机成熟之后，再壮大自己的事业。

富兰克林曾经说过，金钱天生具有扩张的本性。一枚小小的铜钱，可能就是万贯资产的源头，每个人都不要忽视一分钱的力量，特别是那些渴望创立一番事业的人，更不能轻看每一分钱，与其无谓地期待雄厚的创业资金从天而降，还不如从小钱开始积累。

2．从小生意做起

世界上许多富翁都是从"小商小贩"做起的。只有扎扎实实地从小事情做起，从事的事业才会有坚实的基础。如果凭投机而暴富，那么来得快，去得也快，钱赚得容易，失去也容易。

美国佛罗里达州的一名 13 岁学生萨和特，他曾经替人照看婴儿以赚取零用钱。有一次他留意到家务繁重的婴儿母亲经常要紧急上街购买纸尿片，便灵机一动，决定创办打电话送尿片公司。只收取 15% 的服务费，便会送上纸尿片、婴儿药物或小件的玩具等东西。他最初给附近的家庭服务，很快便受到左邻右舍的欢迎，于是印了一些卡片四处分送。结果业务迅速发展，生意奇佳，而他又只能在课余用单车送货，于是他用每小时 6 美元的薪金雇用了一些大学生帮助他。现在他已拥有多家规模庞大的公司。

被美国《财富》杂志评定为美国大富豪的巴菲特，被公认为股票投资之神。他也是以"小钱"起家的典型。巴菲特在 11 岁就开始投资第 1 张股票，把他自己和姐姐的一点小钱都投入股市。刚开始一直赔钱，他的姐姐便一直骂他，而他坚持认为持有三四年才会赚钱。结果，姐姐把股票卖掉，而他则继续持有，最后事实证明了他的想法。

巴菲特 20 岁时，在哥伦比亚大学就读。在那段日子里，跟他年纪相仿的年轻人都只会游玩，或是阅读一些休闲的书籍，但他却大啃金融学的书籍，并跑去翻阅各种保险业的统计资料。当时他的本钱不够又不喜欢向别人借钱，但是他的钱还是越赚越多。

1954 年他如愿以偿到葛莱姆教授的顾问公司任职，两年后他向亲戚朋友集资 10 万美元，成立自己的顾问公司。该公司的资产增值 30 倍以后，1969 年他解散公司，退还合伙人的钱，把精力集中在自己的投资上。

巴菲特从 11 岁就开始投资股市，历经几十年坚持不懈而终获成功。因此，他认为，他之所以能靠投资理财创造出今天的巨大财富，完全是靠近 60 年的岁月磨砺慢慢地创造出来的。巴菲特的经历告诉我们，财富的扩张需要一个不断积累的过程。创业时不一定非得等到资金全部到位才去动手，这不但会错失良机，也使创业的计划搁浅。有时，只要善于把握机会，再小的钱也会起到很大的作用。

3. 小商品也能做大生意

现代创富理念是用小商品也能做大生意，因为小商品生意往往隐藏着巨大的市场需求和商机。

众所周知，日本尼西奇股份居然以小小的尿垫而与松下电器、丰田汽车等世界名牌产品一样著名。尼西奇股份公司原来是一个经营橡胶制品的小厂，只有 30 多人，订货不足，濒临破产的边缘，然而，小小的尿布却使他们起死回生。如今，他们的年销售额为 70 亿日元，产品不仅占领了国内市场，而且行销世界 70 多个国家和地区。他们的财商理念是："只要市场需要，小商品同样能做成大生意。"

尼西奇股份公司在 20 世纪 40 年代末期，仅是个生产雨衣、防雨斗篷、游泳帽、卫生带、尿布等橡胶制品的综合性小企业，只有 30 多个人，订货不足，经营不稳，随时都有破产的危险。一次，他们从日本政府发表的人口普查资料中得到启发，日本每年大约有 250 万个婴儿出生。他们由此想到，婴儿出生，尿布是不可缺少的，如果每个婴儿用两条，全国一年就需要 500 万条，这是一个多么广阔的市场啊！像尿布这样的小商品，大企业根本不屑一顾，而小企业的人力、物力和技术尽管有限，如果能独辟蹊径，必定有所作为。商品不在于大小，只要市场上需要，同样能成为畅销货，做成大生意。基于这样的考虑，尼西奇公司当即做出决策：专门生产小孩尿垫。

为了增强尼西奇尿垫的竞争实力，尼西奇公司不断地创新，对产品精益求精，以扩大销售市场。尼西奇尿垫经历了3代：第一代产品与前几年中国市场上供应的婴儿尿布差不多，用一层布料做成，适应性差；第二代产品在外观上作了一些改进，除了一层布料的尿布外，还将外面一层做成一条小短裤，有松紧带，有尺寸，还可以从颜色上分辨男女；第三代产品把尿布改为3层，最里层是棉、毛、尼龙的混合织物，外层是一条漂亮的小短裤，从而解决了吸水、透气问题。如今，这种尿布已经发展到近百个品种。为了改进产品，他们十分注重博采众家之长。1979年，尼西奇公司的一位前总经理随团访华，每到一处，不是先去游览名胜古迹和选购古董艺术品，而是四处寻找尿垫。在短暂的旅行期间，他竟然奇迹般地收集了十几种中国尿垫。上海有一种利用边角料拼接的尿垫，他们发现后立即仿效，在设计时利用边角料，既增加了美感，又节省了原料，降低了成本，深受消费者的欢迎。为了提高产品质量，尼西奇公司组成一个20多名专职人员的开发中心，利用各种先进技术对尿垫进行数据测试，从中选择最佳材料和设计。以往的尿垫都是用普通缝纫机缝制，考虑到婴儿皮肤太娇嫩，现在一律用超声波缝纫机加工，使接合处平平整整，深得年轻妈妈的欢心。

就这样，经过几十年的努力，尼西奇公司依靠独特的销售方式和不断创新的精神，终于使小小的尿垫垄断了市场，与丰田汽车、松下电器一样做成了大生意。

财务一团麻，理清消费清单

当无意中被问及"如果你有100万，你会怎么办？"这样的问题时，有些人会毫不犹豫地说："全花了它，想买什么就买什么！"有的人会说："花一半，存一半。"有的人则一脸茫然："是呀，我会拿它干什么呢？"

有个数学老师给同学留的一道题目就是"如何花掉100万"。这项活动是为了训练学生实际应用数学运算的能力。其规则是：每位学生从老师那里领取一些仿真支票和若干记账用的表格，他们应从各类广告上剪下要买的东西，贴在自己的"细节账目表"上，并附上购买的日期和价格，等等；每位同学的"消费数额"必须达到100万，且以"支票付账"交与老师检查。有位同学为此事忙活了好长一阵子，她到处搜寻广告，研究广告，生怕"买"不到好东西，完不成作业。在"购买"房地产时，她挑来挑去，只"买"了一栋经济实惠的普通房子。有人问她，为什么不随意"买"一座庄园，尽快完成任务呢？她说："虽然是白给你的100万，也不能乱花呀！"孩子的回答让我们觉得天真可爱，也让很多人汗颜。

每个人都与金钱息息相关。有人说，金钱是美德；有人说，金钱是魔鬼；有人说，金钱万能；有人说，金钱并非万能。

社会上话题最多的总是钱，戴尔·卡耐基说："人生70%的烦恼都和金钱有关，而人们在处理金钱时，却往往格外的盲目。"

事实上，对于金钱，我们不仅要取之有道，更要用之有度。科学而合理地使用金钱，才能够让它发挥出更大的价值。

我们知道，金钱本身并没有力量。但是只要控制、使用得当，它就会带来力量。我们越有钱，所拥有的潜在力量就越大。

歌德曾经说过：唯有懂得金钱真正意义的人，才应该致富。他的主要意思是说，许多人虽然能够很快致富，却不能关怀、体谅别人。如果他们不具备，而且不培养自己的成功意识，就会同样很快地失去财富，或者因此而付出昂贵的代价。

想要获得大量的权力，就应该首先学会处理权力的方法。最近一项以加拿大百万彩券得奖人为对象的追踪研究结果告诉我们，在毫无心理准备的情况下，巨大财富带来什么样的下场。其中绝大多数的中奖者，在5年之内便把所获奖金挥霍一空，原因就在于他们没有培养成功意识，不懂得怎样去处理这意外之财。

你如果不做金钱的主人，便会成为金钱的奴隶。其间的差别，完全取决于你能否认清金钱的力量，以及是否掌握了处理金钱的妙计。

此外，合理地利用金钱也是人的美德之一。比如，你可以利用金钱去帮助更多的穷朋友，也可以利用金钱去发展自己更大的事业。当然，还要记住一条：金钱用到正义的、为大众的事业上时，它是美德，它会给你带来幸福。然而，一旦用到罪恶的事情上去时，它就是魔鬼，它会把人拖入罪恶的深渊。

1. 懂得节俭

有对小夫妻，平时花钱大手大脚，从来不懂得节约。他们两个人喜欢吃红薯，但只是把里面最嫩的那部分吃了，剩下的就随手扔掉。而他们的父母看着怪可惜的，就又都捡了回来，但也没有看到他们老两口吃。

后来村里闹了灾荒，好多人都被迫逃到外乡，这对小夫妻也头一次尝到了吃不饱饭的滋味，后悔自己当初那么浪费。他们也打算去外地乞讨，这时老父亲端出了红薯稀饭，他们见了，狼吞虎咽地就吃完了，觉得从来没有吃过这么香的东西。

儿子和媳妇奇怪地问："这红薯您是从哪儿弄的？"

"这都是从前你们两个吃剩下的，我一点都没舍得扔，都藏在了地窖里，心想也许将来可以派上用场。你们扔的那些红薯足够我们全家吃 1 年的。"

儿子和媳妇听后无言以对。那年饥荒，村子里饿死了好多人，而他们一家靠着那些剩红薯活了下来。

1 分钱难倒英雄汉，平时注重节俭，不铺张浪费，关键时刻则会平安过渡、转危为安。

2. 保证有一笔应急储蓄

随着一个人年龄的增长，他对家庭所负的责任也逐渐加重。他的家庭日益增加的吃用、医疗、娱乐、交通和接受教育等各方面的开支，都要靠他的收入来满足。

他所拟定的最合适的家庭收支计划，可能被 1 次未曾预料到的突发事故所损害，甚至被永久地毁灭掉。即使他为了防止意外事故给自己上了部分保险，也会因为对飞来的横祸毫无准备而摔倒。

因此，对任何一个人来说，都需要应急储蓄，就像一个企业和公司，为意外开销或负债而预留一定的储蓄一样。

3. 培养预见性，为未来投资

一个企业的所有者，或它的经理，总是将所得的盈利进行再投资，扩大再生产，以发展他的企业。对于个人来说也是一样的，他的财产能否增长，取决于他的能力和他是否乐意将他的部分收入进行再投资。

这种投资可以采取多种形式来进行：银行存折、一定形式的人寿保险、租金收入、股票、公债券、终身或临时的商业或企业保险，等等。

一个无知的人走进银行借钱，他的手里带的唯一的东西是他的帽子——摘下帽子，毕恭毕敬地提出请求。

相比之下，一位有见识的企业家，则会带上他的财务收支表，说明他的动产和不动产，以及他的收入和花费的途径。他节省了银行家的时间，并且证明了自己是一个有理财能力的人。

4. 善于把明天的钱挪到今天用

知道怎样挣钱而不知道怎样花钱的人，其财商智慧并不比常人高明多少。

有一则很富有哲理的小故事。一个中国老太太和一个美国老太太在死之前进行了一段对话。

中国老太太说："我攒了一辈子的钱终于买了一套好房子，但是现在我又马上要死了。"而美国老太太则说："我终于在死之前把我买房子的钱还清了。但幸运的是我辛苦一辈子最终住上了好房子。"

初看这组对话，它只是反映了东西方人的消费观念的不同。但再进一步深层挖掘，其中蕴含了一个深刻的哲理，即要善于把自己明天（未来）的钱挪到今天用。过平常生活要如此，经商致富更是如此。这也是现代创富理念的重要内涵。

就一般人而言，在致富之初都缺乏资金，但这并不意味着他今后没有钱。这主要取决于他对自己未来事业的信心和个人成功致富的基本素质与条件。只要他个人有信心致富，自身有良好的致富素质和条件，那么他未来就肯定能成为一个有钱人。既然他未来是有钱人，那么就可以把未来的钱挪到今天用。

当然就个人而言，未来的钱只是一个虚拟，你若想把其变成现实的钱用于今天，就必须先向别人借钱或向银行贷款，这样你才能实现"把明天的钱挪到今天用"。

爱情和金钱起冲突，选择哪一边

有一位倾国倾城的美貌少女，因一心迷恋钱财，贪图安逸的生活而嫁给了一个富商。这个富商跟她爷爷一般大，整天只知道发财赚钱。

新婚时，少女生活在纸醉金迷、花天酒地的生活里。后来，她的内心充满了空虚，豪华的宫殿、盛大的宴会再也提不起她的精神了，整天以泪洗面，悲苦难言。后来她的朋友问她：

"你那么年轻貌美，生活一定很幸福吧？"

"哪里，事事不顺心，事事都争吵。"

"难道就没有一致的时候吗？"

"有，那次家里失火，我们倒是一齐跑出来的。"

看来，钱并不等于幸福，人生真正的幸福和欢乐是浸透在亲密无间的家庭关系中的。因而，有钱不一定幸福，幸福不一定需要那么多的钱。

接下来要告诉你的是为什么要选择爱情。

1. 爱情比钱财更来之不易

有句感人肺腑而催人奋进的话："面包会有的，房子也会有的。"这是人们对自己创造物质财富的能力的高度自信和乐观。而裴多菲更是坚信："生命诚可贵，爱情价更高。"

是的，钱财很容易创造，而爱情则得来不易，钱财丢失可以再找回来，而一旦你失去了生命中最重要的人，你将再也找不到和他一模一样的人了。

很多人都在讨论爱情和面包之间的关系，有人相信爱情无价，没有财富爱情也可以永葆青春；而也有人认为，如果没有物质的支撑，爱情的花朵将最终枯萎。其实爱情与物质之间的冲突并不像人们想象的那么复杂、那么不可调和，得出以上两种结论的人实际上将矛盾的双方极端化了。钱财固然不可缺少，因为人们不得不面对衣食住行等客观需求，但是相爱的双方心心相印、彼此深深爱慕，才能给他们带来真正的幸福。

爱情的浓郁和纯洁可以使看似坚不可摧的物质堡垒在瞬间如废墟般轰然倒塌。然而在物欲膨胀的时代，人们对物质的狂热追求似乎使柏拉图式的浪漫爱情，变成现实中绝迹的神话般的幻想。为了追求物质享受，很多女孩不惜以青春和美貌为代价，傍大款、当二奶成为见怪不怪的现象。那些人前风光美丽的漂亮小姐，在浮华背后，她们的内心真正开心、快乐吗？不见得。金钱只能给人带来一时的欢娱，在极度奢侈的颓废过后，人必将独自吞咽寂寞、自责、失落的苦果。美酒和珠宝只能以青春和美貌来换取，当容颜老去、美丽不在时，幸福又在哪里呢？

大二那年，徐晶谈恋爱了，男友的家境不富裕。他们的爱情似乎开始得很简单，没有玫瑰花，没有巧克力，也没有惊天动地的故事，只是因为他一个温暖的拥抱，在她感觉特别孤独、特别需要关爱的时候。他们在一起的两个月里，她十分开心，感觉自己是世界上最甜蜜的人。暑假回家，她不小心让父母看见了他们的照片，那一刻，她的心悬在了嗓子眼儿，父母一直不赞成她谈恋爱，认为会耽误学习。果然，暴风雨来临了，姐姐在得知他的家境，和他此刻事业未成的事实之后，立即对她大发脾气："叫你不要谈恋爱，你竟然先斩后奏，就算找，也得找一个对你有帮助的人，他能给你什么……"从来不敢顶撞父母的她，竟然声嘶力竭地回答："我就是要这样，我喜欢他，怎么了，爱一个人真的有错吗？"整整一个暑假，她也陷入了矛盾中，这段感情是否该维持，她也拿不定主意，然而她一直在想着他。开学了，他去接她，她在犹豫要不要见他的时候，看到了他那伟岸的身躯和因苦苦思念而消瘦的脸，她毫不犹豫地扑进了他的怀抱。

现在，他们都毕业了，并找到了工作，两人都开始为自己的事业艰苦奋斗。他在刚拿到工资的那一天为她精心挑选一件美丽的裙子，给她一个惊喜；

而她则拿着自己积攒下来的零用钱，在超市里流连一个多小时，为他挑选一双质量很好又比较便宜的鞋。他们坚信日子会一天比一天过得更好。

有一天她坦然地对他说："我希望我们永远穷下去。"他问为什么，她说："富裕的人不会为了一顿丰美的晚餐而激动不已，而穷人会为此兴奋好半天，并津津有味地吃下去。富人的妻子不会因为丈夫给她买了一件美丽的外套而欣喜若狂，从而给丈夫更多的温情，使他们之间的爱情愈加深厚。"他听完这些话，激动地紧紧拥抱着她。

我们应为这样的故事而感动，也为他们的幸福而无比欣慰。他们的生活会越过越富裕，而他们的爱情也不会随着时间而褪色，反而会如美酒般越来越香醇、浓郁……

这就是爱情，没有财富也十分幸福并且更加幸福的爱情，这样的爱情你有吗？

2．失去爱比失去金钱更痛苦

从前有个特别爱财的国王，一天，他对神说："请求您把我的手变成点石成金的手，让我伸手所能摸到的东西都变成金子，我要使我的王宫到处都金碧辉煌。"

神说："好吧。"

于是第二天，国王刚一起床，他伸手摸到的衣服就变成了金子，他高兴得不得了。然后他吃早餐，伸手摸到的牛奶变成了金子，摸到的面包也变成了金子，他这时觉得有点不舒服了。因为他吃不成早餐，得饿肚子了。他每天上午都要去王宫里的大花园散步。当他走进花园时，看到一朵红玫瑰开放得非常娇艳，情不自禁地上前抚摸了一下，玫瑰立刻也变成了金子。他感到有点遗憾。这一天里，他只要一伸手，所触摸的任何物品全部变成金子。后来，他越来越恐惧，吓得不敢伸手了。他已经饿了一整天。到了晚上，他最喜欢的王妃来拜见他，他拼命地喊着："爱妃别过来！"可是王妃现在的心里只有国王，没有意识到他的反常意味着什么，仍然像往常一样拥抱了他，结果王妃也变成了一尊金像。

这时国王大哭起来，他再也不想要这个点金术了，他跑到神那里，向神祈求："神啊，请宽恕我吧，我再也不贪恋金子了，请把我心爱的王妃还给我吧！"

神说："那好吧，你去河里把你的手洗干净。"

国王马上到河边拼命地搓洗了双手，然后赶快跑去拥抱王妃，王妃又变回了原来美丽善良的样子。

人，不光需要财富，更离不开亲情和爱。人是感情动物，小气冷漠，只会割断亲情，使自己成为孤家寡人。过分贪婪者必定会失掉许多最美好的东西。

金钱固然重要，但如果为了索取金钱而抛弃亲情，则金钱带来的满足绝不会持久。能够持久地使人身心健康，愉快自如地应付生活中的一切挑战的，唯有亲情所赋予的力量。

所以，任何时候，都要善待你的家人，不要让贪心毁了亲情还有你的爱人。不是所有的人都能像那个国王那样幸运地重新拥有妻子。在现实社会里，往往失去的就失去了，无论你如何痛心挽留，都不会再回来。

3. 财来财去，金钱无法置换爱情

林华大学本科毕业，精明能干，在外资企业工作，很得老板赏识。妻子吴佳在国有企业当工人，是一个公认的白领丽人。两人的结合被人们称为"才子佳人"的典范。从恋爱到结婚，两人一直是如胶似漆，恩恩爱爱。

结婚5年以来，林华的事业蒸蒸日上，钱越赚越多。吴佳成了他人眼中艳羡的对象，但是她却感觉到自己在家庭中只是充当着不懂事的小妹妹的角色，丈夫不仅把家里的一切都安置得妥妥当当，甚至连她的个人穿着、交往都无所不管，无所不包。她越来越发现，随着丈夫财富的日益积累，自己已经成了这个家的花瓶摆设。吴佳是一个个性强、有见解、有现代意识的新女性，她不愿失去自我，于是一再与丈夫进行抗争，争取自己的权利。

面对妻子的"无理取闹"、"无事生非"，林华却有着自己的理由："为这个家我操了多少心，彩电、冰箱、音响全是进口的，你更是吃穿不愁，要什么我给你什么，你还有什么不满足？我不偷不抢，不赌钱不搞女人，有哪样对不起你？我花钱是想买来快乐，早知道买来的是你的怨气，我弄它来干什么？"

丈夫的申辩并没有浇熄吴佳的抗争意识，她反驳说："你已经不是我所要嫁的那个人了，自从你发达以后，整个人都变了，变得冷淡寡情，而且对人充满敌意。这股冷淡也侵入我们的婚姻，随着你赚钱能力而来的，是我们关系的变化——过去我工作的时候，赚的钱两个人分享；现在你发了，跟你要钱反而变得不可能。你对我事事控制，件件算计，我已经成了你的玩偶。钱，是你做任何事情最主要的动力；人，包括我在内，都已成为次要的考虑。对于你来说，拥有了钱就拥有了一切。你早已不在乎我们的感情，你在乎的只是我的服从。我不知道自己还能忍耐你多久。你的爱财如命，毁了我们的婚姻。"

林华对妻子的这番话很是不屑一顾："钱可以为我带来地位、声望以及服从。钱对我的确很重要，而且我得到的愈多，就愈想要更多。我觉得这没什么不对，想要大房子、好车子、好衣服，参加俱乐部，有什么不好的，这恰恰说明我有追求。随着我拥有资产的增加，我对每一步发展都更加小心，因为我要继续往上爬。我喜欢这样的生活，我喜欢这种高高在上的感觉，能过上这样的生活，你也应该知足。你有吃有穿，而且是吃好的穿好的，还有什么不满意？再说，你花的钱是我挣的，我关心一下钱的去向，控制一下花钱人的行为，难道不应该吗？"

夫妻俩越吵越凶，矛盾一再激化，从小吵到大闹，从大闹直至提出离婚。最终，一对恩爱的夫妻一拍两散，劳燕分飞。

生活中像林华和吴佳这样的例子还有许多。在金钱的考验面前，很多人都在经受着冲击，从观念到心灵，从价值观到处世哲学，从情感到家庭，无不面临着改变的阵痛。越来越多的人在汹涌的物欲横流中迷失，或被噎得喘不过气来，这是一件很可悲的事情。其实，在欲望的遮蔽下，心灵早已失去了生气，生命在金钱魔力诱惑之下，也不堪重负，进而被金钱所奴役。这是许多人的处境！更可悲的是，这些在物欲浪潮中浮沉的人们，始终执着于金钱，并且痴迷不悟，郁郁而终。

舍小利得大利

做事要把眼光放远一点，不要只见树木，不见森林，而断了自己的后路。有人做事老把眼前利益看得很重，结果反而失去了长远的利益。

一个青年非常羡慕一位富翁取得的成就，于是他跑到富翁那里求教成功的诀窍。

富翁弄清楚了青年的来意后，什么也没有说，而是转身从厨房拿来了一个大西瓜。青年有些迷惑不解，不知道富翁要做什么，他只能睁大眼睛看着，只见富翁把西瓜切成了大小不等的3块。

"如果每块西瓜代表一定的利益，你会如何选择呢？"富翁一边说一边把西瓜放在青年面前。

"当然选择最大的那块！"青年毫不犹豫地回答。

富翁笑了笑说："那好，请用吧！"

于是富翁把最大的那块西瓜递给了青年，自己却吃起了最小的那块。当青年还在津津有味地享用最大的那一块的时候，富翁已经吃完了最小的那一块。接着，富翁很得意地拿起了剩下的一块，还故意在青年眼前晃了晃，然后大口地吃了起来。

其实，那块最小的和最后那一块加起来要比最大的那一块分量大得多。青年马上就明白了富翁的意思：富翁开始吃的那块瓜虽然没有自己吃的那块大，可是最后却比自己吃得多。

如果每块代表一定程度的利益，那么富翁赢得的利益自然要比青年的多。

吃完西瓜，富翁讲述了自己的成功经历，最后对青年语重心长地说："要想成功就要学会放弃，只有放弃眼前小利益，才能获得长远大利益，这就是我的成功之道。"

1. 不要太贪婪

一天，两兄弟在山上的一块大石头后面躲雨。这时，他们听见有人从石头旁边经过，边走边说着话：

"听说过那棵死树旁边的山洞吗？那里的宝物倒是多得很，可惜很难全部取走。"一个人说。

"为什么呢？"另一个人问。

"据说进去只能待一小会儿。里面的金蛐蛐叫第一声，就得赶快离开，否则，待它叫第二声时，你只要听见，马上就会变成一个石像……"

两个人说着走远了。

兄弟俩听后，大喜过望，他们马上去寻找那棵死桐树。找啊找啊，终于找到了。那棵死桐树旁果然有个山洞。兄弟俩一看，不禁惊喜异常，里面珍珠玛瑙、金银珠宝，应有尽有。

哥哥匆匆拿了一块宝玉，急忙走出山洞。

"这足够我吃半辈子了。"

弟弟拿了金子，又想拿银子，拿了银子，又想拿珍珠玉器。金蛐蛐叫了第一声，他想，离第二声也许还早呢。

哥哥在门外焦急地等弟弟出来。为了不让自己听到第二声金蛐蛐的叫声，弟弟干脆用两颗珍珠塞住自己的耳朵。

正在弟弟贪婪地往怀里塞珠宝时，金蛐蛐的第二声叫声响了，不幸的是，尽管弟弟塞住了耳朵，还是听见了。于是他立即变成了一座石像。

贪婪的弟弟不仅什么也没得到，甚至连自己的命也失去了。

贪婪的人，被欲望牵引，欲望无边，贪婪无边。

贪婪的人，是欲望的奴隶，他们在欲望的驱使下忙忙碌碌，不知所终。

贪得无厌常常使人失去清醒的头脑，为了一点小利而失去很多宝贵的东西，甚至生命。

请想一想，你感到心满意足的事是什么，是什么时候的事？你可能会很惊讶地发现，你几乎从没有知足的时候。比如，某次考试你得了98分，但你感觉还是不够理想，要是100分就好了。

这样想时，你其实也在做一件很危险的事情，让自己的心习惯于追求更多。时间一长，你便分不清什么是真正的满足，什么是真正的富有。

人生之中，你多少会遇到一些陷阱，而这些陷阱之中，最为可怕的一种是你亲自挖掘的。因为贪心，你忽略了你的弱点，不顾一切去满足你的欲望。这时，即使危险摆在你面前，你也无法去理会、去避让，贪心遮住了你的眼，使你无法看到危险所在。

贪心的可怕之处，不仅在于摧毁有形的东西，而且能搅乱你的内心世界。你的自尊，你所恪守的原则，都可能在贪心面前垮掉。

贪心的人如沙漠一样，吸收了全部的雨水，却不滋生一草一木，不能孕育一个小小的生命。

贪者的心里，一心想着的是"拿来"。这个念头往往占据了他的整个心，而把其他的善念都挤了出去。

现实生活中，贪者常常嘲笑奉献者，说他们傻，说他们没有经济头脑。然而，真正要嘲笑的正是那些贪心的人，他们自认为占有了财富，而实际上是财富占有了他们，他们被财富牵着鼻子走。

很多时候，我们常常羡慕别人的富足。这种情感可以促使我们去奋发努力，但是一不小心，它也可能引起我们的贪心。贪念一起，我们便认不清自己的本来面目，失去本色和真我。

贪心的人是无法知道贪婪的结果的，因为贪欲早已迷住了他的心，遮住了他的眼，他不知道自己该在什么时候停下来。他就像一只拉磨的驴，只顾一个劲地往前走。

贪欲无边无际，可以无限制地扩展，这其中的动力，我们可归结为私心。

自私自利的人脑子里装满自己，他们不会爱别人，更不懂为别人而付出。他们总是认为自己是这个世界的中心，外在的一切都是他自己的一部分。因而，他们从不愿奉献，因为这无异于从他们身上割肉。这一特点往往阻碍了个人和集体的进步。

你要获得真正的发展，就要排除私心，这样，贪欲就不会让你利令智昏，你也能解决迷惑的心理，迅速地决断一件事情。

2. 舍小利是长远投资

常天所在的"蓝月亮"装饰公司已经好几个月没有工程可做了。就在大家为公司的前途焦虑的时候，老板丹尼尔拿来了一份海滨别墅的装修合同，并委派常天负责这个工程。

常天喜出望外，3天后便拿出了设计方案和效果图，经客户审阅后很快付诸实施。在接下来的日子里，常天一心扑在工程上，从选料到施工严格把关，生怕出现不必要的质量问题。

5个月后，工程即将完工，老板丹尼尔来到工地检查。当丹尼尔走过回廊，准备穿过客厅去花园时，突然停在了一面玻璃墙前。他用视线量了量角度，又用手敲了敲墙体，然后转身拿过来一把铁锤猛地朝玻璃墙砸去。只听"轰"的一声，玻璃墙成了一地碎片。"老板，你为什么要砸这面墙？"常天被老板的举动惊呆了。"玻璃墙偏了5度，抗冲击力不够。这令我不满意。""你不满意，也犯不着一锤子就砸碎1万元呀！""我宁可一锤子砸碎眼前这 1 万元，也不愿意让这面墙影响了整个工程的质量而失去市场，失去日后的 100 万，甚至 1000 万！"

常天极不情愿地重新选料，并赶在交工前重新装修好了那面玻璃墙。交工那天，精美的装修赢得了客户的高度评价，而且还为他们推荐了几个新的客户。公司由此度过了困难时期，业务量开始大幅攀升。

在公司举行的庆功酒会上，老板丹尼尔亲切地对常天说："1 万元是能看得到的，而 100 万元、1000 万元则是看不到的。看得到的永远是那么一点点，看不到的才是一大片。年轻人，不被眼前的利益所诱惑，你的脚步才会走得更远。"能够看到别人所看不到的，这是成功者最大的特征。

掌握借钱有效时机

如果你是一个一穷二白的人，你分文没有，又想发财，那么没有比借钱投资更好的主意了。只要你有勇气和胆量举债经营，你就有可能成为家财万贯的富豪。

穷人没有资本，要想发财就得借钱。西方有句谚语：只有傻瓜才拿自己的钱去投资。因此，穷人要发财，就要考虑借钱。当然，很多人害怕借债的利息，其实，借债的利息比起你的收益来说，根本算不了什么。

借鸡生蛋的理念，在一些人的眼里看来，似乎企业借钱负债经营顺理成章，而个人举债去做生意或办实业，仿佛并不被很多人接受。赚得起却赔不起，在穷人的眼里仍然根深蒂固，有道是"无债一身轻"。在这里要提醒你的是：负债经营的理念必须建立在周密的计划和投资有发展前景的产品，以及勇敢开拓、敢于冒险的基础上。谨慎是必不可少的，但是不能因循守旧，那是小农思想的残余，这种观点不更新，就没有机会改善自己目前的穷困处境。借钱的关键是要看你用来干什么，只要是用于投资、有周密的计划，就不要怕借债。

借钱投资虽然有风险，但不冒险就没有发大财的机会。

接下来的文字是节选曹启泰的《我爱钱》里面的一些关于借钱的经典文字，希望能对大家有所裨益。

1. 交换篇

· 随风转舵、顺势而为

我曾经为了要调头寸，做了个不速之客。去到人家的门口，才刚按下电铃，就听见门里传来那位 W 小姐和老公吵架的声音，听起来还是和钱与数字有点关系的样子。

我既没打退堂鼓，也没硬着头皮硬是开口借钱。我只是临时一看苗头不对，顺势就先关心起人家的家务事！

这随风转舵、顺势而为的结果，或许是因为摩擦之间有了润滑，也或许是因为我这个第三者制造了他们夫妻俩彼此很好的台阶，反正最后是破涕为笑、欢喜收场。

三更半夜要离开他家的时候，W 才突然想起来问我的来意。我总共只说了 3 个字："再说吧。"笑一笑就走了。离开的时候，我的心里倒没有因为没借到钱而惆怅，反而很得意自己做了一件好事，让人家夫妻俩化干戈为玉帛，算是功德一件吧。那天晚上倒是睡得安稳。（一晚上纵横帷幄，用尽心机化解纠纷，又要忍住心头烦扰：真的很累！）

第二天一早，W 主动打电话给我，除了对昨夜出的洋相致歉，也直对我道谢，顺道又把我当作感情咨询师说了半个小时。到了挂电话之前，像是为了弥补我似的，她又追问我："昨夜登门拜访是为了什么事？"我一样只回答了 3 个字："再说吧。"笑一笑就挂了电话。

当天的"三点半"我没有再作其他的努力，我只是一边忙着我手边的工作，一边看着墙上的时钟。一直到 1 点 25 分（她一点半钟午休结束），我才拿起电话："W，没办法了。别的地方我今天都试过了，帮个忙吧。"

结果，我当然借到钱了。很顺利，而且期限很长（她说不要，是我自定的期限）、利息很低（我坚持要付）。而且我知道，现在我和他们夫妻俩是更深一层的朋友了。

能量累积得够久就会放大，歉意也是一种能量。歉意一定要找到适当的出口，提供出口是一种功德。对人性要有理解的把握，大胆假设才能合

情适境。随时建立被他人需要的价值，你总会有收到报酬的那一刻。（摘自曹启泰《我爱钱》P.163、164）

2．决断篇

·思前想后、一发中的

借钱是一种谈判过程，想象力是谈判的基本要件。你有没有想象力？你能不能想象对方的情绪、心境、可能的动作、真正的意图？

我常做一种自己称为"镜射"的思考训练，就是想象在别人眼中的当时、当刻、当地、当情境下的自己，究竟看起来是什么样子？给人什么感觉？是什么样的姿态？简单地说：就是想象"看见自己"。

要先能看见自己，再试图理解他人，之后才能想象别人会如何对待自己。知己知彼只是一个学习过程，在达到"百战百胜"的境界以前，你还必须经过"思前想后"这道履历。"思前想后"就是如果这般、即便那般、假如若是、反而于是，结果之前，一切可能。

·一气呵成、不留余地

借钱的时候，千万别给别人留下想象的空间，要像在辩论台上一样，猛虎出柙，一开口就能主导话题脉络。千万别给对方留下喘息、思考、回避的空间，否则一定功败垂成。（摘自曹启泰《我爱钱》P.165）

3．收获篇

·保持距离、半进全退

没有人说，向人借钱就要把身家性命、尊严价值全部一股脑拿去作抵押！前进的时候，随时保持撤退的可能；奉献的时候，一定要留下可以回家的车资。

"退此一步，即无死所"只是用来激励必死无疑的人。"破釜沉舟"的唯一成立条件，是已经得到了新锅新船！"见人只说三分话"是错的，这样谁会理你？当然是无话不说、知无不言才能坦承相对。不过说话是说话，说话的内容可以斟酌，角度可以选择，在开阔的态度下，依旧可以保持扑朔迷离的防线。角度小一点，话多说一点，手势大一点，酒少喝一点，感情忍一点，笑容快一点，脾气好一点，小心多一点，反应快一点，觉多睡一点，脑袋醒一点！（摘自曹启泰《我爱钱》P.167）

第三章

与人相处的金科玉律

如何建立良好的人际关系

我们都希望自己有更多的朋友。有的人社交能力并不差，可就是人缘不好，交不上知心朋友；有的人交际能力并不强，但却结交不少朋友。这是什么原因呢？心理学家告诉我们，影响人际关系的因素是多方面的。这些因素包括个性特征、兴趣爱好、思想观点、年龄、性别、交往范围、交往频率、距离远近等。在这些因素中，个性特征尤为重要，它是人际吸引力的最重要的组成部分。缺乏人际吸引力的人，是因为他具有阻碍人际吸引力的不良个性特征。这种不良个性特征，主要表现在如下几方面：

(1) 不尊重别人的人格，随便损害别人的自尊心，对他人缺乏同情心，不关心他人。

(2) 以自我为中心，只关心自己的利益和兴趣，忽视他人的处境与利益，甚至把别人当作自己驱使的工具。

(3) 圆滑、伪善，待人不真诚，与人交往的目的就是为了利用他人，没有利用价值就丢开。

(4) 过分服从别人，过分惧怕权威，过分依赖他人，缺乏自尊心。

(5) 心胸狭窄，尖酸刻薄，嫉妒心强。

(6) 蛮横粗鲁，喜怒无端。对他人有戒备心、猜疑心、报复心。

(7) 过分自卑，缺乏信心，孤僻、冷漠、不合群。

(8) 清高孤傲，目中无人。

(9) 势利眼，喜欢巴结上司，溜须拍马。

(10) 苛求他人，喜欢背地里议论别人，好整人。

如果你具有影响人际吸引力的不良个性品质，那就应该注意改造自己的个性，不然，将难得有知心朋友。你应该知道，一个人是否能交上朋友，关键在自己。

那么，如何建立良好的人际关系呢？

1. 努力培养良好的个性品质

我们知道，交朋友的过程是一个互相接纳的过程。你以严格的标准选择别人，同样，别人也在选择你。如果你具有阻碍人际吸引的不良品质，即使你交际很广，也难得有知心朋友；反之，如果你具有促进人际吸引的个性品质，你就会被别人视为知己，友谊关系自然建立起来。

2. 要善于体察别人的真正需求心

心理学家研究表明，每个人在人际反应方面都有其特质。这些特质归纳起来有 3 种类型：A 类，包容的需求，即每个人都希望广交朋友；B 类，控制的需求，即要求在权力的基础上与他人建立关系；C 类，感情的需求，即希望在感情的基础上，密切与他人的关系。

我们在与他人交往时，不但要了解对方的个性品质，而且要了解对方人际反应的特质。不要只想别人对我如何如何，只想影响别人，让别人适应我的需要。而要善于站在别人的立场上，多替别人着想。因为，人际交往实际上是需求的互补，从交往中能够得到需要的东西。只索取而不奉献，交往关系很难维持。了解别人的需求，恰当地给予满足，在满足别人的过程中，自己也能得到满足。

3. 掌握人际交往技巧

人与人之间的交往，不是随心所欲的，而是有一定目的的，需要利用一定方法和技巧进行交往。交往技巧合适，就能建立良好的人际关系；反之，会使人际关系扭曲、破裂。在人际交往中，主要应掌握的技巧有：

(1) 语言技巧。语言是思想交流的工具。掌握、使用语言技巧，便于沟通思想，从而在此基础上，建立良好的人际关系。在人际交往时，当说什么，不当说什么，什么话讲到什么程度，都要把握分寸。当人们在接受信息时，总是愿意听取那些对自己的优点给予肯定、赞美的信息，而对那些于自身不利的信息，总是持排斥态度。语言使用技巧失误，可使人际关系破裂。

(2) 交际动作。指交往双方在动作上的接触。合适的行为接触，会增加亲密度。若动作不当，容易导致人际关系破裂。双方交往处于初级阶段，便使用过分亲昵的动作，可使对方产生反感。异性交往，动作失误，常会导致交友失败。

(3)选择技巧。人与人交往，有严格要求，不是盲目选择，随便交往。交往对象的选择是有一定技巧的。对象选择失误，会埋下不良的种子，导致不良后果。应选择地位、兴趣、爱好、信念等相近的人作为交往对象，这样双方容易沟通，行动容易协调，作为知己，关系融洽。勉强凑合，关系很容易破裂。

(4)加强相互交往。交往频繁，容易互相了解和产生共同话题，也容易建立融洽的感情。所以，加强交往是建立良好人际关系的重要途径。

如何自如地和陌生人相处

许多人同陌生人说话都会感到拘谨。建议你先考虑一个问题，为什么你跟老朋友谈话不会感到困难？很简单，因为你们相当熟悉。相互了解的人在一起，就会感到自然协调。而对陌生人却一无所知，特别是进入了充满陌生人的群体，有些人甚至怀有不自在和恐惧的心理。你要设法把陌生人变成老朋友，首先要在心目中建立一种乐于与人交朋友的愿望，心里有这种要求，才能有行动。

这里，以到一个陌生人家去拜会为例：如果有条件，首先应当对拜会的客人作些了解，探知对方一些情况，关于他的职业、兴趣、性格之类。

当你走进陌生人住所时，你可凭借你的观察力，看看墙上挂的是什么，国画、摄影作品、乐器……都可以推断主人的兴趣所在，甚至室内某些物品会牵引起一段故事。如果你把它当作一个线索，不就可以由浅入深地了解主人心灵的某个侧面吗？当你抓到一些线索后，就不难找到开场白。

如果你不是要见一个陌生人，而是参加一个充满陌生人的聚会，观察也是必不可少的。你不妨先坐在一旁，耳听眼看，根据了解的情况，决定你可以接近的对象，一旦选定，不妨走上前去向他作自我介绍，特别是对那些同你一样，在聚会中没有熟人的陌生者，你的主动行为是会受到欢迎的。

在你决定和某个陌生人谈话时，不妨先介绍自己，给对方一个接近的线索，你不一定先介绍自己的姓名，因为这样人家可能会感到唐突。不妨先说说自己的工作单位，也可问问对方的工作单位。一般情况下，你先说说自己的情况，人家也会相应告诉你他的有关情况。

接着，你可以问一些有关他本人的而又不属于秘密的问题。对方有一定年纪的，你可以向他问子女在哪里读书，也可以问问对方单位一般的业务情况。对方谈了之后，你也应该顺便谈谈自己的相应情况，才能达到交流的目的。

和陌生人谈话，要比对和老相识谈话更加留心对方，因为你对他所知有限，更应当重视已经得到的任何线索。此外，他的声调、眼神和回答问题的方式，都可以揣摩一下，以决定下一步是否能纵深发展。

有人认为见面谈谈天气是无聊的事。其实，这要具体问题具体分析。如果一个人说："这几天的雨下得真好，否则田里的稻苗旱死了。"而另一个则说："这几天的雨下得真糟，我们的旅行计划全给泡汤了。"你不是也可以从这两句话中分析两人的兴趣、性格吗？退一步说，光是敷衍性的话，在熟人中意义不大，但对与陌生人的交际还是有作用的。

如遇到那种比你更羞怯的人，你更应该跟他先谈些无关紧要的事，让他心情放松，以激起他谈话的兴趣。和陌生人谈话的开场白结束之后，特别要注意话题的选择。那些容易引起争论的问题，要尽量避免。为此当你选择某种话题时，要特别留心对方的眼神和小动作，一发现对方厌倦、冷淡的情绪时，应立即转换话题。

在与人聚会时，常常会碰到请教姓名的事，"请问你尊姓大名。"你要牢牢记住对方的姓名，对方说出姓名之后，你应立即用这个名字来称呼，当你碰到一个可能已经忘记了的人，你可以表示抱歉，"对不起，不知怎么称呼您？"也可以说半句"您是——"，"我们好像——"，意思是想请对方主动补充回答，如果对方老练，他会自然地接下去。

1. 攀亲认友

1984 年 5 月，美国总统里根访问上海复旦大学。在一间大教室里，里根总统面对数百位初次见面的复旦学生，他的开场白是这样说的：

"其实，我和你们学校有着密切的关系。你们的谢希德校长同我的夫人南希，都是美国史密斯学院的校友。照此看来，我和在座各位自然也就都是朋友了！"

此话一出，全场鼓掌。短短的两句话，就使几百位黑头发黄皮肤的中国学生把这位碧眼高鼻的洋总统当作了十分亲近的朋友。接下去的交谈自然十分热烈，气氛极为融洽。里根总统能在如此短的时间内打动如此多的陌生人，拉近心理上的距离，靠的就是他紧紧抓住了彼此之间还算亲近的关系。

一般来说，对一个素不相识的人，只要事前作一番认真的调查研究，你往往都可以找到或明或暗，或近或远的亲友关系。而当你在见面时及时拉上这层关系，就能一下子缩短心理距离，使对方产生亲近感。类似的例子还有，三国时代的鲁肃就是一位攀亲认友的能手。他跟诸葛亮初次见面时的第一句话就是："我是你哥哥诸葛瑾的好朋友。"就凭这句话，使得诸葛亮愿意与他倾心交谈，为以后的孙权跟刘备结盟共同抗击曹操打好了基础。

2. 添趣助兴

1988 年 10 月，"文化大革命"中的风云人物陈伯达刑满释放不久，著名作家叶永烈去采访他。曾显赫一时而今刚度过 18 年铁窗生涯的陈伯达感到往事不堪回首："对于采访，我可以不接待，不答复。"对于这位对自己不抱欢迎态度的采访对象，叶永烈有充分的思想准备。如何开场才能使他知道我毫无恶意？该用怎样的语言才能使他跟我愉快地合作？一进门，叶永烈说了这样一番话：

"哈哈，还记得 1958 年那年，您到北京大学做报告，我当年就是坐在学生席中听的。那时您还带来一个'翻译'，把您说的闽南话翻译成普通话。我平生还是头一次见到中国人向中国人做报告，还要带个'翻译'！"

多么有趣的往事啊，陈伯达一听也不禁哈哈大笑起来，感到眼前这位不速之客很亲近，气氛一下子变得轻松起来。真是"柳暗花明又一村"，原先尴尬的采访终于能够顺利地进行下去，叶永烈45万字的《陈伯达传》由此就添了不少第一手资料。

和陌生人打交道时，用风趣活泼的话作开场白，能扫除初交时的拘束感和防卫心理，只要能引起对方的笑声，气氛就马上会变得活跃起来，在这样的氛围中，双方的交谈兴致自然就会高起来。

3. 快速"套近乎"的10个诀窍

(1) 了解对方的兴趣爱好。初次见面的人，如果能用心了解与利用对方的兴趣爱好，就能缩短双方的距离，而且加深给对方的好感。例如，和中老年人谈健康长寿，和少妇谈孩子和减肥以及大家共同关心的宠物等，即使自己不太了解自己的人，也可以谈谈新闻、书籍等话题，都能在短时间内给对方留下深刻印象。

(2) 多说平常的语言。著名作家丁·马菲说过："尽量不说意义深远及新奇的话语，而以身旁的琐事为话题作开端，是促进人际关系成功的钥匙。"

一味用令人咋舌与吃惊的话，容易使人产生华而不实、锋芒毕露的感觉。受人爱戴与信赖的人，大多并不属于才情焕发，以惊人之语博得他人喜爱的人。

尤其是对于一个初识者，最好不要刻意显出自己的显赫，宁可让对方认为你是个善良的普通人。因为一开始你不能与他人处于共同的基础上，对方很难对你产生好感。如果你摆出一副超人一等的样子，别人也会用同样的态度对待你。

(3) 避免否定对方的行为。初次见面是建立良好人际关系的重要时期，在这种场合，对方往往不能冷静地听取意见、建议并加以判断，而且容易产生反感。同时，初次见面的对象有时也会恐惧他人提出细微的问题来否定其观点，因此，初次见面应当尽量避免有否定对方的行为出现，这样才能营造紧密的人际关系。

当然，这并不是让你不提相反意见。你应尽可能地避免当着他的面提出，或者可以借用一般人的看法以及引用当时不在场的第三者的看法，就不会引发对方反射性的反驳，还能够使对方接受并对你产生良好印象。

(4) 了解对方所期待的评价。心理学家认为，人是这样一种动物，他们往往不满足自己的现状，然而又无法加以改变，因此只能各自持有一种幻想中的形象，或期待中的盼望。他们在人际交往中，非常希望他人对自己的评价是好的，比如胖人希望看起来瘦一些，老人愿意显得年轻些，急欲提拔的人期待实现梦想的一天。

(5) 引导对方谈得意之事。任何人都有自鸣得意的事情。但是，再得意、再自傲的事情，如果没有他人的询问，自己说起来也无兴致。因此，你若能恰到好处地提出一些问题，并敞开心扉畅所欲言，你与他的关系一定会融洽起来。

(6) 坐在对方的身边。面对面与陌生人谈话，确实很紧张，如果坐在对方的身边，自然会比较自在，既不用一直凝视对方，也避免了不必要的紧张感，而且会很快亲近起来。

(7) 以笑声支援对方。做个忠实的听众，适时地反映情绪，可以使对方摒弃陌生感、紧张感，从而发现自己的长处。尤其要发挥笑的作用，即使对方说的笑话并不很好笑，也应以笑声支援，产生的效果或许会令你大吃一惊，因为，双方同时笑起来，无形之中产生了亲密友人一样的气氛。

(8) 先征求对方的意见。不论做任何事情，事先征求对方的意见，都是尊重对方的表示。在处理某一件事中，身份最高的人握有当时的选择权，将选择权让给对方，也就是尊重对方的表示。而且，不论是谁，都希望得到他人的尊重，绝不会因此不高兴或不耐烦。

(9) 记住对方"特别的日子"。当你得知对方的结婚纪念日、生日时，要一一记下来，到了那天，打电话以示祝贺，虽然只是一个电话，给予对方的印象却很强烈。尤其是本人都常忘记的纪念日，一旦由他人提起，心中的喜悦是难以形容的。

(10) 直呼对方的名字。我们都习惯在比较亲密的人之间才只称呼名字。连名带姓地呼叫对方，表示不想与他人太过亲密的心理，所以，直呼对方的名字，可以缩短心理的距离，获得意想不到的效果。

不和小人较劲

俗话说"一样米养百样人"，人上一百，形形色色，所以，在我们的周围不可能都是好人，也不可能没有"小人"。"小人"令人生厌，但又不可能不与小人共事。

尽管谁都不愿意与小人打交道，但谁又都不可避免地会碰到小人，因为那些工作生活在我们身边的小人，他们的眼睛牢牢地盯着我们周围大大小小的利益，随时准备多捞一份，为此甚至不惜一切代价准备用各种手段来算计别人，令人防不胜防，说不定什么时候就会在背后给你一刀。

小人是琢磨别人的专家。因此在待人处世中如何与小人打交道，还真得有一套行之有效的应对之策。怎么办呢？处世应变术认为：如果你既不想把自己降低到与小人同等的地步，也不想与小人两败俱伤的话，那就睁只眼闭只眼，死活不理他；或者惹不起躲得起，尽量不与小人发生正面冲突。一句话，如果不是非有必要，那就别得罪小人。

1. 不和小人正面冲突

生活中，许多小人为了自己的利益常做一些损人利己，甚至是损人不利己的事。一些人总是认为邪不压正，自己处处比小人强，难道还怕斗不过他们？于是他们便陷入与小人的纠纷里，往往弄得焦头烂额。其实与小人冲突是一种很笨的行为，因为他们总会不惜一切代价，不择手段来算计别人，即使你再聪明也会防不胜防。所以，我们千万不要和小人正面冲突，最好是远小人又不得罪小人。

在与小人打交道时务必考虑周全，最好不要与其发生正面冲突。论实力，小人并不强大。但他们不择手段，什么招数都可能使出来。冲突起来，纵使赢了小人，也会付出代价，惹得一身腥，所以还是躲为上策。

小人成事不足，败事有余。如果你这辈子叫小人盯上了，那么就麻烦大了。小人没有什么事好做，因此他可以专心致志地琢磨你。

在交际过程中，为了自己的利益，必须小心谨慎，处理好和"小人"的关系。聪明人能妥善处理和"小人"的关系，主要是能把握以下几个原则：

(1) 不得罪他们。一般来说，"小人"比"君子"敏感，心里也往往比较自卑，因此你不要在言语上刺激他们，也不要在利益上妨碍他们。

(2) 保持距离。别和小人过度亲近，但也不要太过疏远，好像不把他们放在眼里似的，否则他们会这样想："你有什么了不起？"你可能倒霉。

(3) 小心说话。说些"今天天气很好"的话就可以了，如果谈了别人的隐私，谈了某人的不是，或是发了某些牢骚不平，这些话很可能会变成他们兴风作浪和整你的资料。

(4) 不要有利益瓜葛。小人常成群结党，霸占利益，形成势力，你如果功夫还没练到家，就千万不要想靠近他们来获得利益，因为你一旦得到利益，他们必会要求相当的回报，黏着你不放，使你想脱身都不可能！

(5) 吃些小亏无妨。"小人"有时也会因无心之过而伤害了你。如果是小亏，就算了，因为你找他们不但讨不到公道，反而会结下更大的仇。所以，还是不要太过计较。

2. 给小人留点面子

在对付小人方面，古人的智慧为我们今天的"个人安全"提供了有益的镜鉴。

为大唐中兴立下赫赫战功的唐朝名将郭子仪，就是一个特别善于对付小人的高手。

有一天，郭子仪生病了，有个叫卢杞的官员前来探望。此人乃声名狼藉的奸诈小人，相貌奇丑，时人都把他看成是个活鬼，一般妇女看到他都不免掩口失笑。

郭子仪听到门人的报告，立即让身边的人都避到里屋不要露面，他独自等待。

卢杞走后，姬妾们又回到病榻前问郭子仪："许多官员都来探望您的病，你从来不让我们躲避，为什么此人前来就让我们都躲起来呢？"郭子仪微笑着说："你们有所不知，这个人相貌极为丑陋而内心又十分阴险。你们看到他万一忍不住失声发笑，那么他一定会心存嫉恨。如果此人将来掌权，我们的家族就要遭殃了。"郭子仪对这个官员太了解了，在与他打交道时小心谨慎。后来，这个卢杞当了宰相，极尽报复之能事，把所有以前得罪过他的人统统陷害掉，唯独对郭子仪比较尊重，没有动他一根毫毛。

再坏的人也不愿意被人认为自己"很坏"，总要披一件伪善的外衣，而你偏要以正义之手，揭开他们的面纱，照出不少人的原形，这不是故意和他们过不去吗？

君子不怕传言，因为他问心无愧。小人看你暴露了他的真面目，为了自保，为了掩饰，肯定会对你打击报复。你别说你不怕他们对你的攻击，看看历史的血迹吧，有几个忠臣抵挡得过奸臣的陷害？

因此，对付小人，还是不要跟他们一般见识。同时，也不要刻意揭露他们的颜面，还是保持距离为妙。

人都是要脸面的，当面对小人的挑衅不理睬的时候，也需要灵活应对，所以处世应变术才认为："宁得罪君子，不得罪小人"，可谓是待人处世中与小人打交道的至理名言。

3. 学会应对不同类型小人

(1) 对付欺生型小人。身陷欺生型人群之中时，最好要沉住气，适当地保持低调，不要过多地去计较什么。要细心观察周围同事的喜好和憎恶以及他们的工作方式、方法，同时积极肯干，表现出自己良好的品格素质。在苦干的基础上加巧干，用行动来证明自己的实力，这样可以帮助自己更快地融入同事圈中，迅速获得同事的认同。

欺生的人往往虚张声势，其实并没有多大的能耐，只要不招惹他就不会有火山爆发。但迫不得已也可以先发制人地教训他一下，以后他就不敢再欺负人了。

(2) 对付阴险型小人。对付这类阴险小人，要以积极预防为主，处处留心，别让他轻易钻了空子。这部分人对你常常是采取阳奉阴违的态度，所以不要轻信他对你的赞美。这时，你的选择只能有两个：一是一身正气，以正压邪，扭转乾坤，争取自己正当发展的权利；二是在你对对方势力无法撼动的情况下，不妨跳出来，另谋发展。"天高任鸟飞，海阔凭鱼跃"，只要你真正有才华，还愁找不到施展的地方吗？

(3) 对付骚扰型小人。许多事实证明，对待骚扰型小人，默不作声只会吃闷亏，没人同情你，帮助你。你必须十分明确地告诉他，他的行为已经超出你能接受的范围。你会很诧异这些简短有力的话是多么有用。如果情况已经不只是尴尬，而是让你有身处险境的感觉，最好的方法就是赶快离开。

(4) 对付是非型小人。对付这种小人，可采取"清者自清"的态度，因为"是非公道自有评说"。对于他们说三道四的谣言，不必当真，也不用去理会，坚持良好的职业操守，该讲的话一定要当面说清楚，该做的事一定要做好，该坚持的原则也一定要坚持，千万不要犹犹豫豫，尽量减少不必要的摩擦。但是，如果十分恶劣的诋毁，影响到了你的声誉和工作，就必须勇敢地站出来澄清事实，必要的时候还可以在上司面前"对簿公堂"，揭穿其真面目。

设法卸掉人情包袱

人说"滴水之恩"尚需"涌泉相报"，而若欠的人情多了，你能有多少个"涌泉"呢？这是一个方面。另一方面，人情也需要保持一种大体上的平衡，你欠了别人一份小情，如果还了大情，岂不吃亏？而若欠得久了，还不上这份人情，对你来说又是一种包袱，一种负担，所以，聪明的人总是尽量不欠下别人太多的人情，也争取找机会把这份人情还上，卸掉在自己心头的人情包袱。

《论语》上说："惠则足以使人。"意思是说，给你恩惠就足以使唤你了。所以，面对朋友施与的小恩小惠、大恩大惠，在接受时要慎重，能不接受的尽量不接受，"吃了人家的嘴软，拿了人家的手短。"

嘴软了，在人家面前说话便不仗义；手短了，在人家面前就难以再伸手。

人们大都忌讳带着明显功利目的结交朋友，但人们又免不了交朋友的功利心理。别以为某人带有功利性与你交好，你便拒之千里。重要的不是别人是什么心理，而是你应该怎样对待和怎样处理。

交朋友和做人情都必须有分寸感。有的朋友不可交得太深，有的人情不可做得太重。做重了对别人是负担，对自己也是负担。

譬如说朋友送礼罢。带来的东西，你不收，他觉得你不给面子，你再让他带回去，更是有损尊严了，所以，你也不能太驳人家的面子，盛情难却，你可以暂时收下，但你必须根据对方礼物的轻重将这个人情送回去。你要去回访他，带着差不多的恩惠，两下扯平，也不会伤了和气。

朋友对你拉人情的第二种手段，就是请你吃饭，东西送到门，你不能不给面子，吃饭却得预约，这就让你有许多理由去推脱掉，但脑袋要转得快，推辞讲得委婉些。

脑袋转得快些，知道对方是谁，要弄清关系网，搞清朋友圈，然后，再想想该接受还是推掉。

避免人情债，要有自知之明。

自己应该是最了解自己的，能吃哪碗饭，能干多少事。

1. 时常清理人际关系网

国际知名演说家菲利普女士曾经请造型顾问帕朗提帮她做造型设计。菲利普女士说："整理出来的衣服总共分成3堆：一堆送给别人，一堆回收，剩下的一小堆才是留给自己的。有许多我最喜欢的衣物都在送给别人的那一堆里，我央求帕朗提让我留下件心爱的毛衣与一条裙子。但她摇摇头说道：'不行，这些也许是你最喜爱的衣物，但它们不适合你现在的身份与你所选择的形象。'由于她丝毫不肯让步，我也只得眼睁睁地看着自己的大半衣物被逐出家门。"

菲利普不仅学会了舍弃那些已不再适合自己的东西，而且将此方法运用到了处理人际关系上。她说："你衣柜满了，需要清理与调整，以便腾出空间给新的衣服。同样的道理，你的人际关系网也需要经常清理。"

在工作与生活的过程中，组建关系网是有可能的，但试图维持所有关系似乎是不可能的，而想要在现有的人际网络内加进新的人或组织就更加艰难。因此，在组建人际关系网的时候，必须学会筛选。

筛选虽然不容易，但仍是可以做得到的。选择本来就是一件很困难的事，结果往往更令人痛苦。然而有句话说得对：有失才有得。

很多时候，你要跟某人中断联系，你根本无须多说什么。世事沧桑，当彼此共同的兴趣已不复存在时，便是分道扬镳的时候，中断联系其实是个自然而然的过程。退出某个组织有时也许只是再也不参加任何活动，或是向负责人解释一下。总之，如何处理"离队"事宜，应视情况而定。

帕朗提容许菲利普女士留下的衣服，当然是最美丽、最吸引人也是剪裁最得体的几套。"舍"永远不是件容易的事，虽然有遗憾，但从此拥有的都是最好的，更重要的是有更多空间可以留给更好的。

如果我们对自己的人际网络做同样的"清除"工作，在去糟取精之后，留下来的朋友不就都是我们最乐于与之往来的吗？我们应该把时间与精力放在让自己最乐于相处的人身上。在平时需要奔波忙碌于工作、社交与生活之间的我们，筛选人际关系网络是安排生活先后次序的第一步。

2. 什么样的人情应该保持

并不是所有的人情债都要卸掉，因为如果这个世界把人情全部排空，那么这个世界只会留下空洞、残忍的躯壳，没有温暖，也不会有感动。

人情并不是处处留情，有的人情必须卸掉，但有的则应该保持。

（1）有同甘共苦的经历。人们在一起共事时，大家同舟共济，共同的命运把彼此连在了一起，只要采取合作态度，互相支持、互相帮助、互相关照，是最容易产生感情认同的。特别是在困难环境中，彼此相依为命、共渡难关、情谊深厚，可能终生难忘，交情将更牢固。比如，20 世纪六七十年代不少知识青年从城里到乡下插队，几年中大家一个锅里吃，一个炕上睡，哪一个人受了欺负，大家一起为他鸣不平，如此心心相印的共同言行，必然转化为深厚的感情，铭刻在各自的记忆中，不管日后分散到山南海北，做了什么工作，但谁也不会忘记这段交情。

共事时间长固然可以形成深厚的交情，有时相处时间并不长，但只要同心协力，相互支持、彼此关照，能引起对方的好感，同样可以建立难忘的交情。有这样两个军人，一个在司令部当参谋，另一个在政治部当干事，平时并没有什么交往。有一次部队拉练，他们两人作为工作组成员被分到了一个连队。部队每天走百里路，行军路上，他们互通情况，收集材料，一起帮助连队组织好行军，为解除战士行军的疲劳，还轮流做宣传鼓动；脚上打了泡，每到一地，互相帮助对方挑泡，买了吃的一起分享。就这样，行程千里，圆满完成任务，两个人也结下了深深的交情。20年后，当了部长的参谋到外地开会，还专门绕道到某陆军学院去看战友。两人见面，忆起当年一起行军，分吃1个苹果，一起追野兔子的情形，不消说多么高兴。你看，10天的交情，记了一辈子。

(2) 有趣味相投的爱好。有时候共同的爱好、兴趣，也可能成为彼此交情的纽带。比如，都爱下棋，在路边棋场相识，相互成了棋友；都爱垂钓，在湖边相遇成了钓友……这样共同的东西把彼此召唤到一起，在共同切磋中，便结下了友情。某军校外面有一条清幽的小路，早晨常有人到这里跑步锻炼。一位姓王的教员和一位姓高的教员，每天跑步之后在这里相遇。然后一起散步，边走边聊天，由一般的寒暄到互相了解。两个人都爱好写作，少不了交流体会心得，彼此虽没有物质的交往，只是一种信息和思想观点的交流，但依然有很强的吸引力，都觉得受益匪浅。时间长了共同语言越来越多，形成了习惯，不管春夏秋冬，不约而同准时到这里会合。后来，老王调到北京还经常打电话来问候，保持密切的联系。

(3) 没有"人情买卖"的势利。社会上有些人很势利，他们只选有用的人交朋友，没用的便置之不理。殊不知，人在社会上每时每刻都处在人事沉浮的变化之中，今天有用的人，明天可能一无所用；今天没有用的人，明天可能飞黄腾达，变成有用的人。而势利的人在对待人情上是不可能长远的。而且他们对人情的认识也是非常浅薄的，在他们的眼中，所谓的"人情"便是你送我一包烟，我给你几块钱，概不赊欠。这种一次性的交际行为看似洒脱，实则包含了太多的困惑与无奈。诚然，受助者也许在短时间内不愿再开口求助，而实施援助行为的一方其实也没有必要固定"事不过三"的古训，当人家确实有困难而无能为力的时候，尽管你已经帮助过他，尽管他不好向你开口，但作为知情者，你不应无动于衷，而不妨再次主动伸出援助之手。事实上这种"后继有人"的交际行为能够赢得更大的"人情效应"，即使受助者一时无力给你回报，但你的行为风范，你的崇高品性，已被更多的人所知晓。

对待人情必须把握分寸，把握轻重。如果处理不当，你即便给别人施情，别人也不会接受；你向别人求情，别人也不会赏给你，更何况世上还有很多势利之徒，他们对待人情更是"看人下菜"，"人在人情在，人走茶就凉"、"树倒猢狲散"，于是有人慨叹"人情有冷暖，世态有炎凉"。所以，

如何对待人情是每个人都应该学习把握的大学问。

权威借势压人，不盲从

在权威面前一旦养成屈膝哈腰的习惯，不但自己只能生活在人家的影子中，而且人家也未必瞧得上你。

世界著名交响乐指挥家小泽征尔在一次欧洲指挥大赛的决赛中，按照评委会给他的乐谱在指挥演奏时，发现有不和谐的地方。他认为是乐队演奏错了，就停下来重新演奏，但仍不如意。这时，在场的作曲家和评委会的权威人士都郑重地说明乐谱没有问题，而是小泽征尔的错觉。面对着一批音乐大师和权威人士，他思考再三，突然大吼一声："不，一定是乐谱错了！"话音刚落，评判台上立刻报以热烈的掌声。

原来，这是评委们精心设计的圈套，以此来检验指挥家们在发现乐谱错误并遭到权威人士"否定"的情况下，能否依然坚持自己的正确判断。前两位参赛者虽然也发现了问题，但终因趋同权威而遭淘汰。小泽征尔则不然，因此，他在这次世界音乐指挥家大赛中摘取了桂冠。

没有智慧不行，没有勇气也不行。谁也不敢说有智慧的人一定有勇气，但缺少智慧的人，大概也没有勇气，或者有勇气亦是一种冒失。

1. 不要崇拜任何人

生物学家法布尔曾利用列队毛毛虫做过一个有趣的实验：诱使领头毛毛虫围绕一个大花盆绕圈，其他的毛毛虫则跟着领头的毛毛虫，在花盆边沿首尾相连，形成一个圈。这样，整个毛毛虫队伍就无始无终，每个毛毛虫都可以是队伍的头或尾。每个毛毛虫都跟着它前面的毛毛虫爬呀爬，周而复始。直到几天后，毛毛虫们被饿晕了，从花盆边沿掉下来，才停止了绕圈。毛毛虫的失误在于失去了自己的判断，盲目跟从，进入了一个循环的怪圈。

人生犹如一个大战场，你的面前也只有两条路：要么成功，要么失败。任何人的成功，都需要做出大量的努力，目标专一走自己的路，而不是盲从。

崇拜别人容易让你上当受骗。一个聪明人决定开始一项冒险。他大胆地预测一场万众瞩目的球赛（有很多人赌球），他发出 10 万封电子邮件，对其中的一半预测甲队胜利，而对另一半预测甲队失败。无论如何，他总会说对一半。然后下一次，他又开始预测一场新的比赛，这一次他只给上次说对了的那 5 万人发信，不再理会其余的 5 万人，预言当然还是胜负各占一半；接着再把这个游戏进行下去。在经过了三四次后，他已经在 5000 多人或者数千人中建立了极高的威信，这家伙神了，说得这么准！他会收到很多反馈，许多人开始重视他的意见，随着名气的增大，总会有新的崇拜者加入到队伍中来。这时，他开始收费，然后再继续向上次说对了的人群预测。由于"预测"的结果惊人的准确，他的铁杆崇拜者付给他越来越多的报酬。这个家伙成为一个名利双收的大"专家"。

虽然这个故事对众多真正的专家颇有不敬，但就是真正的专家也难免有犯错的时候。专家只是意味着对现有资料、知识占有得比较充分，过去曾经做出过成绩，在这个领域中有着一些超乎常人的判断力而已，但并不意味着他事事都完全正确。因此，不要迷信任何人，崇拜任何人。

我们可以尊重专家的意见，在他的基础上前进，但千万不要把他看作不可逾越的高峰。相信自己，才是最重要的。

2. 有勇气坚持原则

3 人的保安实习期就要满了，老板把他们召到了会客室，要他们谈谈有什么感想。老板还没有来，赵明习惯地拿出一包烟，抽出一支，但他一眼瞥见墙上有禁止吸烟的牌子，只好把烟塞回到口袋里。

正当他们有些不安地坐着的时候，老板推门走了进来，板着脸，竟自坐下来，看也不看他们一眼，掏出香烟并点上了火。3 人看着他，面面相觑，一时也不知怎么办才好。老板独自吐着烟圈，他的头顶上已形成了浓浓的烟云。

赵明看没有人说话，只好自己先开口说："老板，请您把烟掐掉。"老板瞪他一眼，并不理会，继续抽自己的烟。赵明以为老板没有听清楚，又大了点声说："老板，这里是会客室，不是抽烟室，请您把烟掐掉。"

老板拍了一下桌子，怒道："放肆，我问你，这里谁是老板？你们应该听谁的？""当然您是老板，我们都要听您的。""这不就对了吗？"旁边两人忙拉赵明的衣角，但他没有理会同伴，继续说："可这里有制度，老板更应该带头执行才是！否则，制度成了空文，企业也就没了前途。""反了！"老板霍地站了起来，"我还没正式录用你呢，竟敢顶撞起我来了？明天，你不用到本公司来上班了。"

赵明认为自己只是照章办事，并没有错，却换来这样的结果，心里很委屈但也只好选择离开。两个同伴同情地看着他走出去，老板在气头上，他们心里也发虚。

但奇怪的是，赵明出去了，老板的火气似乎也消了许多，他对剩下的两位说："企业是我搞起来的，难道不是我说什么就是什么吗？""是，是。"两人不断点头。老板转而又说："当然了，一个企业没有制度也不成方圆，就好比法律，不是谁制定的谁就可以违反一样，否则，天下不就要大乱？你们说是不是啊？""当然，当然。"老板说："好了，你们也可以走了。"两人想接着再说什么但忽然意识到这只是老板巧妙布下的一个小局，便沉默着一起出去了。

最后，如大家所料，赵明被正式录用为公司一员。

房间里不准吸烟，不管是谁，这是制度，因为保安的职责就是保卫公司的安全。故事中的老板正是用自己的权威在考验这 3 个人，看他们是否真的不畏权势，能够胜任这个岗位。

3. 专家的话未必都正确

在常人的习惯中，专家就是权威，专家说的话都是正确的。可是，一个人要想在人生和事业上取得突破，还得勇于怀疑。

"当别人向你建议不能做这个，或者不能做那个时，你不要管他们。"

"如果你相信自己的梦想会实现，你就会取得成功。"

这是一个"从零到1500万美元的女人"说的话，她就是玛丽亚·艾伦娜·伊瓦涅斯。她的成功经历告诉我们，别人的话未必都正确，即使是所谓的专家也不例外。

玛丽亚·艾伦娜大学毕业后，产生了一个念头。在当时，美国个人电脑的价格在8000美元左右，而拉丁美洲的个人电脑价格却要昂贵得多。她想，为什么不在拉美销售个人电脑，来开发这个非常有前景的市场呢？1980年，她将自己的想法和许多主要的电脑公司交流过，并请求给她一个机会，在自己的国家销售他们的电脑。

"他们告诉我不要提这事，"玛丽亚·艾伦娜回忆说，"电脑销售执行经理们说，拉丁美洲正处于经济危机之中，许多国家都十分贫穷，那儿的人们没有钱来买电脑。因此他们认为拉丁美洲的市场太小了，根本不值得他们去开发。"

但玛丽亚·艾伦娜却不这么认为，当别人只看到各种局限性的时候，她却看到了各种市场机会，她并没有放弃努力，并开始在拉丁美洲的一些国家奔波。在3个星期的行程中，玛丽亚·艾伦娜旋风般地穿行于厄瓜多尔、智利、秘鲁和阿根廷。在每个国家，她都不辞劳苦地推销她手上的产品。而且仅仅用3个星期的时间就接到了价值10万美元的订单和预先付款的现金支票。

渐渐地，玛丽亚·艾伦娜的销售额超过了百万美元，甚至是数百万美元。

后来，玛丽亚·艾伦娜又组建了一个新公司开始向非洲销售电脑，市场专家们又一次告诉她说非洲太穷了，根本就不适合个人电脑销售，尤其是在那样一个男人占统治地位的社会里，一个外国女性在非洲销售电脑就更不可能了。那时的玛丽亚·艾伦娜早已经习惯这些消极，她认为这些专家们的目光非常短浅。她相信自己对未来趋势的预见。1991年，她仅仅带了一份产品目录和一张地图就乘飞机到了肯尼亚首都内罗毕，开始了她的销售活动。她住进宾馆后，就又拿起电话号码本开始联系当地的经销商。两个星期后，她带着价值 15 万美元的订单飞了回来。

几年之后，玛丽亚·艾伦娜的"国际高科技销售公司"登上了《公司》杂志当年的 500 家发展最快的公司的排行榜。

由此可以看出玛丽亚·艾伦娜成功的原因：有好的产品可以进行销售，是玛丽亚·艾伦娜成功的关键。但更重要的是，她的成功是建立在她对自己的信心和矢志不移的实践之上的，她没有轻易相信专家的话，被传统的习惯所左右。

人际关系出现裂痕，如何修复

做人离不开有效的人际关系。所有成功的人都有一个共同的特性——他们都懂得如何有效地同别人打交道。这些人在这方面有可贵的直觉，他们学到了这方面的技能。人们应当懂得如何去影响别人的思维方式，许多事情的失败，常常都可以归结为与他人打交道的失败。

只要你生存在这个世界上，不管你愿意与否，你都必须同人打交道。为了让自己的努力换来更大的成功，我们离不开社会环境，离不开周围的人。

在现实中，我们经常看到类似的现象：

(1) 一位工作出色的机修工，却最先被老板解雇了。

(2) 一位在校园成绩并不算得上最好，表现也并不怎么样的学生，毕业后却比别人找的工作好，干得也更出色。

(3) 一位在部门工作最辛苦的职员，却没有签订延期的合同。

当然，我们无法用几个字或一句话来解释这些现象，但有一点，这些人的个性以及他们与人交流的能力肯定与别人有所差别。有效的人际关系，应该基于一种有效的相互作用。这种相互作用，不应当失去平衡，以至于让一个软弱的人听任别人把他当作逆来顺受的羔羊加以利用，或者让一个专横的人把自己的方式强加给别人。

让我们看看卡耐基技术研究所进行的一项有趣研究吧。这项研究表明，在工作中获得成功所要求的技能，85%是基于个性，只有15%是因为技术和训练。任何人际关系，无论是私人交往，还是业务关系，如果它是以成年人的那种互利的观念来支配的话，对双方来说只会有利益。你为别人提供急需的东西，人家也会满足你的需求。有效的人际关系，只有使相互间感情上的基本需要得到满足，才是行得通的。这些基本的感情需要是：

(1) 对工作成就的理解；

(2) 认可与欣赏；

(3) 友爱和安全感。

不过，我们也应当理解人的本性。在我们的心灵深处，人首先考虑到的是自己。尽管这听起来也许有些刺耳，但这种自我意识却是人类生存下来的理由。

人与人之间的关系如何，必须是聪明人做人应当考虑的大问题，否则你就会被人际关系所困，而找不到最有效的人际力量。

好人缘，是人际关系的润滑剂，也是为人处世的支撑点。没有好人缘寸步难行，有了好人缘走遍天下。人缘关系的好坏，对一个人的事业和生活有着重要的影响。所以人际关系在生活中至关重要，而当它出现危机的时候该如何修复呢？

1. 用微笑打开交际的那扇门

微笑是人际交往中最简单、最积极、最乐意被人接受的一种方法，微笑代表着友善、亲切和关怀，是社交中最一般的礼貌和最基本的修养。微笑不用花费什么力气，却能使他人感到舒服。在与他人的交往中，微笑是热情友好的表示，是一股温暖的春风。在才能和智慧不相上下的人群中，你拥有更多的微笑，成功便在更大的程度上属于你。笑口常开是社交艺术的真谛。世界著名的希尔顿饭店的创办人康拉德·希尔顿说："如果我的旅馆只有一流的设备，而没有一流的微笑服务的话，那就像一家永不见温暖阳光的旅馆，又有何情绪可言呢？"从这个意义上说，微笑是一种无价之宝，没有微笑就没有财富。用微笑来服务，用微笑来处世，世界将变得更温暖，事业将变得更顺利，生活将变得更如意。

2. 学会称赞别人

现实生活中，一个人如果受到别人的称赞，他就会感到愉快和喜悦。美国著名作家马克·吐温曾经夸张地承认，一句好的赞词能使他不吃不喝活上两个月。绝大多数人的内心都有这样一种隐秘——都想时常得到别人的称赞和抬举，正如美国口才学家威廉·詹姆斯所说的那样："人性最深刻的原则，就是恳求别人对自己加以赏识。"称赞是激励人们工作和生活的动力，哪怕只是一句简单的赞美，都会使人感到无比的温馨。关于称赞的效应，有这样一则故事：

过去有一个富翁特别喜欢吃烤鸭，就用重金聘请了一位名厨师，每天为他做烤鸭。大厨师制作的烤鸭香喷可口。但每只都只有1条腿，时间一长，富翁就把厨师叫来问道："你烤的鸭怎么只有1条腿呢？"厨师指着缩了一只脚站着休息的活鸭子回答说："鸭子确实只有1条腿啊。"富翁气得用双掌拍了几下，掌声惊动了鸭子，伸出另一只脚匆匆走避。富翁说："那鸭子不是两条腿吗？"厨师回答说："是啊，如果你早鼓掌的话，那烤的鸭子也早就是两条腿了！"这则故事告诉我们，不能像那个富翁那样吝啬自己的赞语。要为别人多鼓掌，否则，你吃到的烤鸭就可能永远只有1条腿。生活在掌声中的人是最愉快的，当人们受到他人的称赞时，就会更加卖力地工作。

对别人成绩的称赞，既是一种鼓励和肯定，又是一种信任和友好。这样做也最容易赢得友谊，在某种意义上说，友谊就是一种互相交换赞誉的轻松游戏。与人交往，请不要吝啬称赞之辞，这样做不仅能给被称赞的对象以鼓舞和鞭策，还将给你带来积极的人际效应。

3. 待人厚道

在处理人际关系时，不能待人刻薄，使小心眼。别人有了成绩，不能眼红，更不能嫉妒；别人出了问题，不能幸灾乐祸，落井下石，更不能给别人"穿小鞋"。在"文化大革命"中，一些小人，见风使舵，甚至卖友求荣。但陈毅、谭震林等老干部，面对巨大的政治压力，始终坚持实事求是，没写过一份违心的材料，保护了一大批下属，这种高风亮节，受到人们的爱戴。唐代《国史补》中记载了一个"呷酒节帅"的故事：一名叫任迪简的判官，一次赴宴迟到，按规矩该罚酒。倒酒的侍卫一时疏忽，错把醋壶当酒壶，给任判官斟了满满一盅醋，任判官一喝，酸得不行。他知道军吏李景治军极严，若讲出来，侍卫必有杀身之祸，于是咬紧牙关一饮而尽，结果"吐血而归"。事情传出，"军中闻者皆盛泣"。这种为人厚道的品格，深为人们称道。

4. 与人分享是人际关系的润滑剂

在一个小村庄里，由于过去曾发生过几件不愉快的事，导致村民之间相处得很不融洽，家家户户均自扫门前雪，别说互相帮助了，见了面连声招呼也不打，而且还时常为一些芝麻绿豆大的小事争得面红耳赤，闹得整个村落鸡犬不宁。

村长很想改善目前的窘境，不希望这股相敬如"冰"的风气继续蔓延下去，于是找来了一个外地人帮忙。

这个外地人自称是技艺精湛的魔术师，并昭告乡里说："我有一颗神奇的魔法石，只要用这颗石头炒出来的菜，就会是天底下最美味的一道菜，口说无凭，我可以当场试验给你们看!"

村里的人听说了这件神奇的事，开始议论纷纷，有人搬来了家里的大锅，有人搬来了家里的大炉子，有人自愿提供木材，也有人自动自发地生火，全村的人围着村子中央的空地，静心等待魔术师的精彩表演。

魔术师像煞有介事地在锅里放了油，把青菜放入锅中，和魔法石一同翻炒了一下，然后带着遗憾的神情对大家说："这么一点点哪里够这么多人吃? 如果可以再多炒一点菜，那么大家就都可以吃得到了。"

于是，有人飞快地从家里拿了青菜出来。魔术师把青菜放入锅中翻炒，试吃了一口，然后兴奋地说："真是太美味了! 如果可以再加一点盐，或是一点肉丝，那就更好吃了。"

大伙儿听了口水直流，盐、肉和其他的调味料也很快地送到了魔术师的手上。

没多久，魔术师的锅里已经装满了佳肴。

这盘菜刚端上桌，立刻就被大家你一口、我一口，吃得盘底朝天，村民们发现，这果真是天底下最好吃的一道菜！

聪明的你，一定已经看穿了魔术师的秘密。

其实，真正发挥作用的，不是这颗魔法石，而是村民们不计前嫌，愿意互相帮助的态度。你出一点盐，我出一点肉，大家团结合作，所炒出来的菜当然是天底下最美味的了。

人与人之间应该彼此相互敬重、相互帮助。唯有肯救助别人危困的人，在面临危困时才能获得别人救助。

浮生若梦，世事无常，这一刻你我围炉同笑，也许下一刻就要各奔东西，计较多不意味着你就能得到更多，相反的，若能敞开心胸，珍惜与人相处的每一刻，你就会明白，天底下最美味的佳肴不一定是山珍海味，而是人情的滋味。

5．相互宽容

罗伯特是一个工作非常认真的人，刚满30岁便当上了公司的副总经理。

但是，勤奋的罗伯特经常工作到很晚才回家，而且常常带着一堆文件回去处理，工作压力非常大。有压力便得解除，于是他的太太不幸变成了一个"出气筒"。他一回到家，看见不顺眼的东西就大声对太太说些不礼貌的话。有时候甚至是故意找茬。

年轻的太太当然不愿吃他这一套，也对丈夫采用了针锋相对的姿态，以牙还牙，以眼还眼。罗伯特对她说不礼貌的话，她就对罗伯特说话更不礼貌；罗伯特对她大声喊叫，她就以更大的声音来回敬。

结果，夫妻俩同住一个屋檐下，却彼此横眉冷对，形同路人。心情好一点的时候想说什么又说不出来，一个看电视，一个无趣的去玩电脑。

一天，这位太太到医院探望一个生病的朋友。经过重症病房时，她透过玻璃看到里面的病人戴着氧气罩，只能靠机器来维持呼吸、延续生命。这种情景给她带来了很大的震撼，她猛然意识到上帝对她的确很厚爱，给了她一个不需用氧气筒就可以大声说话又中气十足的丈夫，而且他的身体很健康，不然自己就得整天待在医院里陪护了。

她心中油然升起一股感激之情，觉得自己回家后应该好好欣赏一下丈夫了。当晚8点多钟时，罗伯特又带着一堆文件和一脸焦躁下班回家了。出乎他意料的是太太没有像平常一样淡淡地扫他一眼后，继续和电视剧中的人物同喜悲，而是面带微笑地看着他，并且打个手势示意他坐到自己的身边来。

罗伯特很奇怪，惊讶地问太太："你今天怎么了？是不是生病了？"

他的太太把自己在医院里看到的情景和当时的感想告诉了丈夫，并说："看见那些痛苦不堪的病人，我便觉得自己能拥有你这样一位健康的丈夫，是多么的幸运啊！我实在要感谢上帝，给了我这样好的先生！所以我一再对自己说，要好好地欣赏你、珍惜你。"

太太的话，使罗伯特大受感动。他充满深情地说："太太，我也不应该对你一再说那些不礼貌的话！请你原谅我以前的错误，从今以后我再也不会那样待你。"

从那天晚上开始，罗伯特和太太再也没有互相指责、谩骂了。他们的爱情变得更加甜蜜，家庭生活也变得更加温馨、和谐，相敬如宾极了。

夫妻关系的这种变化，使罗伯特对人际关系有了更深刻的理解和感悟。此后，他不再以苛刻的态度和强硬的方式来管理下属，而是代之以宽容温和、人情味十足的办法。结果，奇迹出现了：下属们不再牢骚满腹或是随口抱怨了，他们一个个变得更加服从命令，工作起来也更加卖力。罗伯特因此而从紧张的人际关系中解脱出来，工作效率显著增加，不再像以前那样焦头烂额、烦躁不安了。

你怎样对待别人，别人就会怎样对待你。这是社会交往中的一条基本法则。由此可以得出一条经验：你希望别人怎样对待你，你就必须首先学会怎样对待别人。我们对待别人的态度和方式，往往决定了别人对待我们的态度和方式。

被人孤立，主动与他们沟通

在人们的交际中，常常会有被人冷落的现象发生。而被人冷落可能有以下4种原因：

一是自身交际态度消极被动造成的。交际关系是对等的多边的对流。积极主动就会获得更多的交际反映和回报，交际局面就会被打开，呈现出热烈、融洽的氛围。若消极被动，就会较少的发生交际关系。单边的交际行为毕竟是稀少的、浅表的，最终只会导致被人冷落的现象。比如闭门不出，绝少交往，连逢人见面也面无表情，自然会僵化交际关系。

二是自身的不足被人嫌恶造成的。鸟择木而息，人择善而从。结交好人、优秀的人是人之常情。尽管从道义上说，只要对方不是坏人、恶人，有缺点和不足，大可不必不理他，但人们往往不知不觉远离了他们。所以相对来说，这些人的朋友要少些，能够理解、善待他们的知心朋友更少。他们的那种被人冷落的心理感受更是比别人深切。

三是交际方式不当，得罪了主要人物或众人造成的。交际难免有疏失，一般不致引起人们的悖逆反应，但原则性的问题、过分伤害了感情的事，必然会引起剧烈反应。如果只是个别的、局部的、小范围的，并无大碍；若开罪了某关键人物如上司，或得罪于公众，你势必遭受一致的冷漠和敌视，你只好去领略冷落的苦涩了。

四是自身出类拔萃遭受嫉妒而造成的。在同一交际圈中，大家本是一碗水端平，但却有谁卓然超群了，自然引起轩然大波，众人会不觉产生嫉妒情绪，对你冷眼相对，把你从人群中踢出，你的同伴远离你，你的朋友疏淡你，大家往来更为欢畅，独让你冷落一隅。比如你取得了成绩，一夜间就可能成为"一家暴富百家恨"的角色，本还是问寒道暖的朋友，从此对你道路以目。

被人冷落情形不一，程度有别，但在人生漫长的旅途中常会碰到。一旦陷入被人冷落的困境怎么办呢? 下面几点方法可让你顺利走出困境。

1. 对症下药，校正自我

当我们落入被人冷落的境地时，首先要在自己身上查找原因，分析实情，归结出自己被人冷落的具体情形，再对症下药，校正自我，将自身存在的问题纠正过来。比如交际消极被动应加强交往，交往方式不当要加以有效克服。对此，小王深有感触，他说:"振作自己，发愤图强，显示价值，才能得到应有的重视和尊重。"小王本来业务不精，又自暴自弃，颇受人冷落和鄙夷。经过努力，他一跃成了业务骨干，改变了形象，人际关系也相应得到改善。这是他抓住了问题，有效改变自我的结果。

2. 寻找切口，积极交往

被人冷落从根本上说是因为我们与别人存在交往上的阻隔，而且对方对我们心存成见，或怀有积怨。此时别人已把与我们交往之门关闭了，要摆脱自己的境遇，就要主动交往，积极热情地面对他们。同时鉴于对方的顽固心理，要注重寻找切口，以利对方接受。

小牛有一种被称之为示弱法的方式，他在自己取得突出成绩而遭受妒忌的围困中，并不傲然相对，而是把自己化入大众，以调侃的方式自我解嘲，自甘示弱，终为大家接受，人际环境变得十分融洽、通顺。

3. 诚恳待人，保持热情

人际交往，诚字当先，只要热情不减，自可化开交际中的各种阻碍和坚冰。遭人冷落本是令人沮丧的事，出现某些抱怨、激愤、对抗情绪更是十分自然的，但要走出这种不利境地，就不能放任这种情绪发展，而要坚持诚恳待人，始终热情备至，给人以深深地感染。对方会以诚待诚，转冷而热，给你以应有的回报。比如大家都孤立你，而你却诚恳地对待大家，你的行动和姿态，就会让人重新审视你，并抱着欣赏的心态看待你。此时你的处境便自动得以改观。

忠言不妨顺耳说

有时候，你对家人、对朋友，觉得有许多话不得不说，可是说了，反而把感情伤害了，反而把事情弄糟了。于是你就引用一句中国古话，替自己解释，说是"良药苦口，忠言逆耳"。

其实，有时候良药未必苦口，忠言也未必逆耳。把良药弄成苦口，以致病人怕吃，这是医学不发达的现象；把忠言弄得逆耳，以致别人不能接受，这是说话的人对口才不加研究的结果。我们都有这样的感受，我们并不是不愿听别人的批评，也不是不能接受批评，有时，我们还真希望有人来指点指点，或者是想请教别人。

我们做了事情，说了话，写了文章，自己不放心，不敢下判断，这时候我们何尝不希望有人出来告诉我们哪点好，哪点不好。有的时候，我们会遇到一个人，他能够忠实地、大胆地指出我们的许多错误，正因为如此，我们就敬佩他、感激他，甚至永世不忘。

可是为什么也有些批评和忠告我们不爱听，我们听了就难受、就气愤，甚至感到自己的自尊心、自信心都受到了损伤？我们还会感到受了委屈、诬蔑以及侮辱？

我们自己觉得我们并不是不欢迎批评、不接受批评的人，然而，我们又被人指责，说我们不欢迎批评、不接受批评。

一种苦味的药丸，外面裹着糖衣，使人感到甜味，容易一口吞下肚子里去。于是，药物进入胃肠，药性发生了效用，疾病就治好了。我们要对人说批评的话，在说以前，先给人家一番赞誉，使人先尝一点甜头，然后你再说批评的话，人家也就容易接受了。

下面接下来就介绍一些讲忠言的技巧。

1. 由浅入深

《左传》上记载有这样一件事：晋灵公为了享受，大兴土木，建造九层高台，搞得怨声载道。不少大臣直言谏阻，晋灵公不但不听，还张弓搭箭，扬言谁再对此事多言就射死谁。许多人都被他给吓住了。这时，大臣荀息走过来，笑着劝服了晋灵公放弃建造高台。

他说："我愿为大王表演一个小技艺，把 12 个棋子堆起来，我还能在上面放 9 个鸡蛋。"晋灵公一听，觉得很惊奇，就放下弓箭，来看荀息的表演。当看到荀息果真把棋子摆起来，又往上面放鸡蛋时，晋灵公十分紧张，情不自禁地连声说："危险！危险！"听了这话，荀息不动声色地说："这还算不了什么，还有比这更危险的呢！"晋灵公听到这话，好奇心更盛，连忙催荀息表演给他看。荀息一见时机成熟，便向晋灵公说道："这九层高台修了 3 年还没造成，现在地无人耕，布无人织，国库空虚，一旦外敌入侵，国家很快就要灭亡！大王，还有比这更危险的事吗？"这一番话，说得晋灵公恍然大悟，于是下令停止修造高台。

荀息没有被射死，还成功地达到了劝谏的目的。

晋灵公已经很固执，再硬碰硬地直言进谏，就很可能把自己的命搭进去。荀息采取的是迂回策略，很顺利地让晋灵公接受了自己的建议。

忠言逆耳，之所以"逆耳"是因为太直接，没有人心甘情愿地接受毫无遮拦的批评。只讲大道理，会让人不易接受，那就从小道理着手，由浅入深，层层分析，听起来更有道理，忠言也就变得顺耳了。

2. 旁敲侧击

曹操有个儿子叫曹植，他不但聪明，而且有上进心，很受父母宠爱。曹操很喜爱曹植的才华，因此想废掉曹丕转而立曹植为太子。于是，曹操将自己的想法告诉了贾诩，想在这件事上征求一下贾诩的意见。令曹操意外的是，贾诩竟然一声不吭。

曹操很奇怪地问："我来征求你的意见，你却一言不发，为什么呢？"
贾诩说："我正在思考一件事情！"
曹操问："你在想什么事呢？有什么事非要你现在这么专注地去想呢？"

贾诩答："我正在想袁绍、刘表废长立幼招致灾祸的事。"

曹操听后哈哈大笑，立刻明白了贾诩的言外之意，于是再也不提废掉曹丕的事了。

贾诩假借一些反面的例子，婉转地表达了自己的意见。曹操自己意识到其中利害，便不再有所举动。

3. 影射法

齐景公是个残暴的君主，他滥施酷刑，砍了许多人的脚。晏子总想劝服他。

晏子家住在闹市附近，人声嘈杂，生活条件很不好。齐景公想另外给他盖个住宅，晏子没有同意，他说："我先人久居此处，如果我因为不满意而更换新宅，不是太奢侈了吗？再说离市场近，买东西方便，还能直接了解到许多情况，不是挺好吗？"

齐景公问："那么，你可知道现在市场上什么东西最贵，什么东西最便宜？"

晏子乘机说道："假脚最贵，鞋子便宜。"景公知道这是说他用酷刑之后，没脚的人要安假脚，鞋子便滞销而跌价了。从此，齐景公便不再滥用这种刑罚了。

又有一次，一个人得罪了齐景公，齐景公非常生气，命左右的人把他绑在大殿下，准备处以分尸的极刑，并且说谁胆敢劝阻，一律格杀勿论。

这时晏子走过来，左手抓住犯人的脑袋，右手磨着刀，抬头问齐景公："不知道古代圣明的君主肢解人时从哪个部位开始下刀？"

齐景公知道晏子是用古代贤明的君主来劝说自己不要滥杀无辜，就离开座位说："放了他吧，这是寡人的错。"

忠言顺耳说，不是虚伪，也不是做作，而是利用人性的弱点和恻隐之心来达到劝说的目的。

4. 先扬后抑法

有一天，某机关王主任对女打字员说："你打字的速度真是越来越快了。"那位打字员突然听到主任对她这样夸奖,受宠若惊,脸孔都红起来了。只听王主任接下去又说道:"你若能在今后打字的时候,对标点符号多加注意一点就更好了。"

王主任如果不这么说,而直接对打字员说,叫她对标点符号要特别注意,她心里就会觉得今天受了上司的责备,并感到十分羞愧,她也许会为此有好几天都不愉快。她也许还要为自己辩护,说她自己是很小心的,因为原稿上有错误或是不太清楚的地方,所以她不能负这个错误的全部责任。这样一来,王主任的规劝不但未起到作用,说不定还会由此惹来一些麻烦呢!

我们来回想一下,什么人,在什么情况下批评我们,甚至是非常严厉地批评,我们就会点头接受,并且心悦诚服;而什么人,在什么情况下即使碰我们一根毫毛,我们也会跳起来反驳。当你仔细分析和比较之后,你就会发现,在二者之间有一根本的不同点。这一根本的不同点,就是别人对我们的同情与了解的程度深刻与否。

我们始终欢迎的是那些了解我们,而又非常同情我们的人,欢迎他们对我们明白透彻而又充满温暖和热忱的批评。

没有人会不愿意接受这种措辞良好的批评的。一般来说,在这一点上别人也和我们一样。

苦口的良药和不苦口的良药放在一起,每一个人都会选择不苦口的良药,逆耳的忠告和悦耳的忠告比较起来,悦耳的忠告永远是占上风的。

有话问不出,借别人的口来问

有的话你无法当面问,可是又很想知道。问了觉得无法开口又难免尴尬,不问心里的好奇、迫切、焦急又得不到释放。

想知道一件事情又无法知道是件挺不爽的事情,而这时借别人的口来问不失为一个妙法子。借别人的口问,无疑打开了问的渠道:可以是家人,可以是朋友，可以是领导，也可以是同事或者一些不相关的人。

别人，也就是置身事外的人，用旁观者的心态来问，没有了目的性，也没有那么多的避讳，自己既可以坐收渔翁之利，消除心中疑困，也能收获一些意外的惊喜。

但借谁的口来问，怎么借别人的口问，则是一件技巧性的事情，是一个不能出现疏漏的环节。

下面就介绍一些不同场合不同的借他人之口的方法。

1. 借"大家"的口来问

对那些工作比较繁忙的对象或对某些问题有解释能力却故意藏而不露的人，提问时可以借用含义比较广泛而又模糊的"大家"的口来问，如："大家都想了解一下……您能不能给我们说一下？""大家让我来问问……"

一般人都会认为"大家"提的问题是重要的问题，尤其是对于矛盾比较大的问题，如果回答得好，则既可以使工作顺利地开展同时还能在公众心目中树立良好的个人形象。所以，借用"大家"的口发问，往往会使对方对问题予以重视。

这一招最有效的场合是采访公众人物时，记者借用"大家"的口问自己的问题。给人造成这样一种印象：这是大家都想知道的问题，我才不得不问的。多数记者在提问社会焦点问题、热点问题时都会使用这一招。

当然，大型的会议论坛，对一些商界、政界的知名人士而言，因为公众对其拥有强烈的崇敬和好奇，不论是其经历还是个人能力都是人们关注的重点，所以这时候，恰当地"借大家之口"问他们公众关心的问题，他们会易于接受采访。

2. 借亲朋好友的口来问

大数学家陈景润当年和爱人相互"心有戚戚焉"，又都说不出口。终于有一天，羞涩却绝顶聪明的陈景润给对方看了一封他父亲的来信。信中提到："我知道你和她恋爱很久了，你们什么时候结婚呢？"身边的"她"当然明白了，一对有情人终成眷属。

陈景润巧借父亲的口问出了自己心中的问题，这一招在日常生活中常常可以用到。比如，小王谈了几年恋爱，却不知道如何开口向性格内向的女友求婚。一天，机会来了，两人一起去参加朋友的婚礼，回来的路上，小王说："那个新娘真会说话，她问我们什么时候请他们喝喜酒。"没过多久女友变成了新娘。过了几年，小王想要一个孩子，他又借用了岳母大人的话："你妈真是心急，整天盼着我们什么时候让她抱抱外孙呢！"这一回，他又"得逞"了。

借亲朋好友的口来问话，最好用于内容倾向比较好的话题，比如上面提到的结婚、生子。这样，于情于理都让对方比较好接受。

3. 借上级的口来问

生活中有些乖张的人，只有上级才能镇得住。以自己的名义向他提要求，没准碰一鼻子灰，这时最好借上级的口来问。

比如，出于工作需要，你要去问张处长的工作进度。而他正好是一个欺软怕硬、专看上级脸色行事的人。你不妨这样问："张处长，刘局长让我来问问，你们处的工做报告写好了没有。"这样一问，迫使他不得不以认真的态度来回答问题，而你自己又不会被他压住了气势，因为你的身份已经转换为"传话者"而非"办事者"，纵使他心里不情愿，鉴于领导的压力，也不敢怎么样。

虽然借上级的口来问话，比如"组织上对这个问题很重视"、"某某领导一直很关心这个问题"等等，听上去官腔十足，但关键时刻，却是对付一些人的撒手锏。

4. 借不相关人的口来问

某公司总经理在外地与对方谈判了6天还没有结果，秘书小冯想知道谈判究竟进行得如何以及何时能返回，但又不好意思开口问。于是跟经理说："服务台小姐刚打来电话，说她们有预订机票的服务，问我们是否需要。我们用不用现在回复？"总经理想了一下，回答道："问一问能不能订后天的票。"小冯于是做好了返程的准备。这里，小冯用的就是"借不相关人的口来问自己的话"的方法。

有些问题自己直接问，效果可能适得其反，但又无其他人的口可借时，就可以找一个与问题不直接相关的人的口来问。日常生活中，如果我们向媒体或医生咨询一些关于健康或者人际关系的问题又难以启齿时，可以说："我的朋友病况如何，请问……""我的同事请我代问一下……"其实，这些所谓的"朋友"、"同事"可以是根本就不存在的人。这种问话方式，在很大程度上能减轻人们的心理障碍，而使问题得以顺畅地表达出来。

不得罪人地拒绝

任何人都有得到别人理解与帮助的需要，任何人也都常常会收到来自别人的请求，可是，在现实生活中，谁也无法做到有求必应，所以，掌握好说"不"的分寸和技巧就显得很有必要。

人都是有自尊心的，一个人有求于别人时，往往都带着惴惴不安的心理，如果一开口就说"不行"，势必会伤害对方的自尊心，引起对方强烈的反感，而如果话语中让他感觉到"不"的意思，从而委婉地拒绝对方，就能够收到良好的效果。

要拒绝、制止或反对对方的某些要求、行为时，你可以利用哪个人的原因作为借口，避免与对方直接对立。比如，你的同事向你推销一套家具，而你却并不需要，这时候，你可以对对方说："这样的家具确实比较便宜，只是我也弄不清楚究竟怎样的家具更适合现代家庭，据说有些人对家具的要求是比较复杂的。我的信息也太缺乏了。"

在这种情况下，同事只好带着莫名其妙或似懂非懂的表情离去，因为他们听出了"不买"的意思，想要继续说服你什么，但"更适合现代家庭"，却是一个十分笼统而模糊的概念。这样，即使同事想组织"第二次进攻"，也因为找不到明确的目标而只好作罢。

当别人有求于你的时候，很可能是在万不得已的情况下，其心情多半是既无奈而又感到不好意思。所以，先不要急着拒绝对方，而应该尊重对方的愿望，从头到尾认真听完对方的请求，先说一些关心、同情的话，然后再讲清实际情况，说明无法接受要求的理由。由于先说了一些让人听了产生共鸣的话，对方才能相信你所陈述的情况是真实的，相信你的拒绝是出于无奈，因而也能够理解你。

其实，拒绝别人的方式有很多种，你可以给自己找个漂亮的借口，或者运用缓兵之计，当着对方的面暂时不做答复。或者用一种模糊笼统的方式让对方从中感受到你对他的请求不感兴趣，从而达到巧妙的拒绝效果。

1. 要学会说"不"

汉斯刚参加工作不久，姑妈来到这个城市看他。汉斯陪着姑妈在这个小城转了转，就到了吃饭的时间。

汉斯身上只有 20 美元，这已是他所能拿出招待对他很好的姑妈的全部资金。他很想找个小餐馆随便吃一点，可姑妈却偏偏相中了一家很体面的餐厅。汉斯没办法，只得随她走了进去。

俩人坐下来后，姑妈开始点菜，当她征询汉斯意见时，汉斯只是含混地说："随便，随便。"此时，他的心中七上八下，放在衣袋中的手里紧紧抓着那仅有的 20 元钱。这钱显然是不够的，怎么办？

可是姑妈一点也没注意到汉斯的不安，她不住地夸赞着这儿可口的饭菜，汉斯却什么味道都没吃出来。

最后的时刻终于来了，彬彬有礼的侍者拿来了账单，径直向汉斯走来，汉斯张开嘴，却什么也没说出来。

姑妈温和地笑了，她拿过账单，把钱给了侍者，然后盯着汉斯说："小伙子，我知道你的感觉，我一直在等你说不，可你为什么不说呢？要知道，有些时候一定要勇敢坚决地把这个字说出来，这是最好的选择。我这次来，就是想要让你知道这个道理。"

人生最大的教训之一是要懂得如何拒绝，在你力不能及的时候，要勇敢地把"不"说出来，否则你将陷入尴尬的境地。

有些活动并不太重要，徒耗宝贵的时间。而更坏的事情是只忙于一些鸡毛蒜皮的琐事，这比什么都不干还要糟糕。要真正做到小心谨慎，只是莫管他人闲事还不够，你还得防止别人来管你的闲事。不要对别人有太强的归属感，否则会弄得你自己都不属于自己了。不要滥用友谊，也不要向朋友要求他们不想给的东西。过和不及皆是害，和别人打交道尤其如此。只要你能够做到适中和节制，你就总能得到他人的青睐与尊重。能做到有理有节是很宝贵的，这将使人永远受益无穷。你要有充分的自由热情关注尽善尽美的事物，绝不要糟蹋了你自己的高雅趣味。

2. 巧设"圈套"，诱导否定

美国总统富兰克林·罗斯福在就任总统以前，曾在海军部担任要职。有一次，他的一位好朋友向他打听海军在加勒比海一个小岛上建立潜艇基地的计划。罗斯福神秘地往四周看了看，压低声音问道："你能保密吗？""当然能。""那么"，罗斯福微笑地看着他，"我也能。"一阵哈哈大笑后，朋友也就不再好意思打听了。

再如，1972年5月27日凌晨一点，美苏关于限制战略武器的4个协定刚刚签署，基辛格就在莫斯科一家旅馆里向随行的美国记者团介绍情况，当他说到"苏联生产导弹的速度每年大约250枚"时，一位记者问："我们的情况呢？我们有多少潜艇导弹在配置分导式多弹头？有多少'民兵'导弹在配置分导式多弹头？"基辛格回答说："我不太肯定正在配置分导式多弹头的'民兵'导弹有多少。至于潜艇，我的苦处是数目我是知道的，但我不知道是不是保密的。"一个记者连忙说："不是保密的。"基辛格反问道："不是保密的吗？那你说是多少呢？"记者们都傻眼了，只好嘿嘿一笑了之。

罗斯福和基辛格采用的就是巧设"圈套"、诱导否定的方式，既坚持了不能泄漏的原则立场，又没有使对方陷入难堪，取得了极好的语言交际效果。这种技巧要求在对方提出问题之后，不马上回答，先讲一点理由，提出一些条件或反问一个问题，诱导对方自我否定，自动放弃原来提出的问题。

3. 截断对方的问话或请求

截断对方的问话或请求，在他还没有说出或者还没有说完某个意思时，即做出回答，这也是一种很好的拒绝技巧。为什么不等对方问清楚，就要抢先回答呢？可能有以下的两种原因：一是等对方把问话全说出，就会泄露出某种秘密，难以收拾；二是待听全问话再回答，比较被动，不好应付。因此，考虑到对方要问什么，在他的问话未说完时，就迅速按另外的方向思路作回答，一是可以转移其他听众的注意力，二是可以使问者领悟，改换话题，免于因说破造成尴尬局面和其他不良后果。比如：

一对青年男女在一起工作，男方对女方产生了爱慕之情，男方急于要表白心愿，女方虽心领神会，但是，却不愿将友情向爱情方面发展，女方认为还是不要说破，保持一种纯真的朋友情谊为好。于是，出现了下面的对答：

男青年：我想问问你，你是不是喜欢……

女青年：我喜欢你给我借的那本公关书，我都看了两遍了。

男青年：你看不出来我喜欢……

女青年：我知道你也喜欢公共关系学，以后咱们一起交换学习心得吧？

男青年：你有没有……

女青年：有哇！互相切磋，向你学习，我早就有这个想法。

男青年：……

这位女青年三次断答，使得男青年明白了她的想法，于是，不再问了。这比让他直率问出来，女青年当面予以拒绝，效果自然要好得多。

断答要求才思敏捷，口语技巧娴熟。因为，首先，断答前要摸准对方的心理，"你一张口我就知道你要问什么"，"未闻全言而尽知其意"，这比错答的要求要高。其次，要能抢得自然而恰当，比如从"喜欢"（人）而引论到"喜欢"（书），能瞒过在场的其他听话人。最后，断答往往需要几个回合才奏效，因为抢一两次，对方还不能领悟答话者的真意，或者隐约感到而又不甘心。继续发问，这就要求"连抢"多次，才能不漏破绽，达到目的。所以说难度大，技巧性强，但运用得当，效果特佳。

4. 略地攻心，让对方主动放弃

一位语文老师，她弟弟因为一场纠纷，被人告上了法庭，而接案的法官恰恰是她昔日的得意门生。一个晚上，这位老师前往学生家，希望他能念在师生的情面上，将手腕往她弟弟这边扳一扳。法官显然有些为难，既不能枉法裁判，又不能得罪恩师。于是，他说：

"老师，我从小学到大学毕业，您一直是我最钦佩的语文老师。"

老师谦虚地说："哪里哪里，每个老师都有他的长处。"

法官接着说：

"您上课抑扬顿挫，声情并茂。尤其是上《葫芦僧判断葫芦案》那一堂课，至今想起来记忆犹新。"

语文老师很快就进入角色了："我不仅用嘴在讲，也是用心在讲啊。薛蟠犯了人命案却逍遥法外，反映了封建社会官官相护、狼狈为奸的黑暗现实。"

"是啊，'护官符'使冯家告了1年的状，竟无人做主，凶犯薛蟠居然逍遥法外……贾雨村徇情枉法，胡乱判案。"法官接着感叹，"记得当年老师您讲授完这一课，告诫学生们，以后谁做了法官，不要做'糊涂官'，判'糊涂案'，学生一直以此为座右铭呢。"

这位语文老师本来已设计好了一大套说词，但听到学生的一番话，再也不好意思开口了，自动放弃了不合理的请求。这位法官用的就是"略地攻心"的技巧，先用一句恭维的话，填平了老师的自负，终拒人于无形之中。

这种技巧要求你了解对方的特性和目的，试探对方的心理，然后发动心理攻势，让对方高兴，或反激对方自负等方法，使对方自我否定，放弃不合理的要求，拒人于无形之中。

5.剖析利害，以理服人

有一次建设局质检员小张的同学请他晚上到家里去喝两杯，小张知道这个同学平日里无事不登三宝殿，便问请的还有谁。同学一开始支支吾吾，最后才说出他那位做包工头的亲戚。

小张不想去赴宴，又不好驳同学的面子，便说了一番坦诚的话："你我同学一场，应该清楚我的为人。若是你我几个老同学凑个热闹，我一定欣然前往。可是由于我的特殊身份和你那位亲戚的关系，我才不能去喝这个酒。建筑工程，百年大计，质量为本，将来即使你那位亲戚承包的工程质量合格了，我公事公办问心无愧，但别人还是会对我还有你的亲戚说三道四。你那位亲戚的心情我理解，其实工程质量检测不是我一个人说了算，何必事先就把事情弄得这么复杂呢？况且，万一工程质量有什么闪失，到时咱俩见面会有多尴尬啊。"一席话说得合情合理，把其中的利害关系分析得非常透彻，那位同学也就不再勉强小张了。

当有些请求确实不适合自己的时候，哪怕对方是关系再好的朋友或者对方的态度诚恳至极，你也不能支支吾吾、半推半就，而应当讲明事理，彻底打消对方的念头。

在日常生活中，有许多人不明白其中的利害关系，更有一些人为了眼前的一些蝇头小利，不顾后果。最后，遭到报应的还是自己。因此，在平时办事中眼光要长远，要学会说"不"，同时为了顾及别人的面子，要对他晓之以理，动之以情。

6. 其他拒绝的艺术

拒绝要讲究艺术。人家满怀希望、带着信任而来，你却只给人家一个"不"字，岂不像给人家泼了一盆凉水？以下是几点拒绝别人的技巧：

(1) 当对方提出要求时，千万不要直接拒绝，除非你想失去一个朋友或是想多树立一个敌人。如果对方属于领悟能力较强的人，你不妨试着用暗示方法来拒绝。

比如在对方请你帮忙求职时，你如果没有能力帮这个忙，也不要一口回绝。你可以要求对方写下自己的简历、意愿、要求、联系方法等等交给你。这样的"立即行动"之举，别人就亲眼看到了你想帮他忙的"事实"，造成其可能找对了人的错觉。几天后，你应该在人家还没联系你之前，首先去电话给他："这几天我一直为你的事找人，××的职务要求很高，有些困难。"再过两三天，你主动找到他："真对不起，我找过我熟识的人了，但是这次竞争很激烈……没办法，等以后有机会再说吧。"

(2) 对于比较不好拒绝的人物，你可以婉言陈述自己的现状，当对方获知情况后，再转守为攻，令对方知难而退。这是一种避免正面冲突的方法。

谁也不愿意向别人开口要求帮助，而一旦提出来就一定有他找你的原因。如果你轻易地予以拒绝，就会使自己失去帮助别人，获得友谊的机会。也许他跟你要求的这一点你帮不上忙，你可以用另一个替代的方法去帮助他，如此一来，你虽然拒绝了他原来的请求，他还是一样会感谢你。

(3) 不要盛怒拒绝，要有笑容地拒绝。在盛怒之下拒绝别人的请求，常会因"口不择言"而伤害对方，也让别人觉得你一点同情心都没有；在拒绝的时候，要面带微笑，态度庄重，使对方感到你对他的尊重与礼貌。如此一来，即使被你拒绝，对方也会欣然接受。

(4) 给自己留下回旋的余地。有些问题一时还不明朗，需进一步了解事实真相，或看看事态的发展及周围形势的变化，方可拿主张。"模糊表态"就能给自己留下一个仔细考虑、慎重决策的余地。否则，君子一言，驷马难追，不仅影响自己的威信和声誉，也会因此对人际关系造成不应有的损失。比如，对把握性不大的事可采取弹性的许愿。使用"尽力而为"、"尽最大努力"、"尽可能"等有较大灵活性的字眼，给自己留下一定的回旋余地。

(5) 给对方一点希望之光。要求你解决或答复问题的人，内心总是寄予着厚望的，希望事情能如愿以偿，圆满解决。如果突然遭到生硬的拒绝，由于他缺乏必要的心理准备，很可能因过分失望或悲伤，心理上难以平衡，情绪难以稳定，甚至产生偏激言行。这时，你不要把话说死，不妨说："这件事比较棘手，让我看看再说。"给自己以后的态度留下了回旋的余地，又使对方不至于感到绝望，从而使情绪趋于稳定。

(6) 当别人来求助于你时，你知道自己帮不了忙，但也应热情接待。对于求助者的苦难和求援表示理解和同情，然后再坦诚说明帮不了忙的原因。如有可能，也可以帮助对方出一些主意或建议，还可以提供一些别的求助线索。这样就能免除求助的误解，使他明白你是心有余而力不足，即使你帮不了忙，求助者也会感激你，因为你尽了自己最大的努力。

消化别人的善意批评

批评——有时候像不徇私情的执法老人，不留情面；有时又像征途上的知心伴侣，和风细雨。批评，疏通着前进中的航道，洗刷着灵魂里的污垢。

人不能离开批评，批评就像被滤过的气体。

人不能看到自己的后脑勺，批评就是一面镜子，可以照出自己言行的是与非，灵魂的美与丑。求助于批评的人，心底可以始终保持清澈；乐于接受批评的人，思想的营养库会日益充实。批评，虽然有时听来刺耳，但就在"逆耳之言"中，可以使自己清醒，可以在脸红中唤起羞愧，使自己聪明、明智起来。批评，可以纠正过去之错，避免重蹈覆辙。批评，可以警觉未来，纠正过去。批评，犹如一盆清水，犹如一场春雨，使人清醒，给人滋润。把批评当作营养的人，思想会成熟起来，思路会开阔起来。

相反，视批评为灾祸，拒批评于门外，只能错上加错，终将酿成大祸。听不进批评，便阻塞了一条通道。

人能消化、吸收食物，以滋补身体。同样，乐于接受别人的批评，也是增加精神上的滋补。耳旁有一些批评声，倒是一剂清凉油，比吹捧的迷魂汤不知要好上多少倍。

"闻过则喜"，拿出点"有则改之，无则加勉"的气度来吧。

1. 把批评当成宝

日本战国时期的秀政是一位文武双全的人，曾经辅佐织田信长和丰臣秀吉两个霸主。当时的人都称赞他是国家的栋梁。有一天，他在领地的城墙附近，发现有人竖立了一面木牌，上面列举着 30 多条秀政的政治过失。家臣们商量之后，决定把那面木牌拿给秀政看，并且非常愤怒地说："竖立这块木牌的人，实在太可恶了，应该逮捕并严厉处罚。"

秀政细观木牌上所写的"罪证"。

他马上穿好衣服，洗手，漱口，把木牌举起来说："有人肯这样严格地指正我，实在太难得了，我应该把它看成上天的赐予，并当作传家之宝，好好收藏。"于是，他把木牌用一只精美的袋子包起来，再装进箱子里，并召集家臣幕僚，将木牌上所列举的过失详细检讨，从此秀政的业绩更加辉煌了。

常言说得好："良药苦口利于病，忠言逆耳利于行。"由此可见，一位领导者在推行一项新的计划时，一定要征求部属的意见，留意各方面的批评，因为那些批评，很可能就是推行这项计划成败的关键，就是治病的"良药"。因此不要只注重赞美的言辞，因为那对实现"使事情做到更完美"的目标是毫无帮助的。

一般说来，人都喜欢听赞美的言辞，对于批评是不容易接受的，所以部属为了讨好上司，只讲好话，领导者就很难听到部属真实的意见了。一个领导者若不明了自己在什么地方有过错，什么地方需要改进，就应该多多鼓励部属提出批评，听取部属的意见，虚心接受，这才是一位领导者所应具备的素质。

2. 坦然接受上司的批评

任何人在单位工作的时间长了，都免不了会因什么事而受领导批评，我们大可不必为此忧心忡忡，拼命地反省自己。实际上，领导批评或训斥部下，有时是发现了问题以促进纠正；有时是出于调整关系的一种需要，告诉受批评者不要太自以为是，或把事情看得太简单；有时是为了显示自己的威信和尊严，与部下保持或拉开一定的距离；有时是"杀一儆百"、"杀鸡儆猴"，不该受批评的人受批评，其实还有一层"代人受过"的意思……搞清楚了上级是为什么批评，你便会把握情况，从容应付。

受到上级批评时，最需要的是表现出诚恳的态度，从批语中确实接受什么，学到什么。最让上级恼火的就是他的话被你当成了"耳旁风"。而如果你对批语置若罔闻，我行我素，这种效果也许比当面顶撞更糟。因为，你的眼里没有领导。

对批评不要不服气和牢骚满腹。批评有批评的道理，错误的批评也有其可接受的出发点。更何况，有些聪明的下级善于"利用"批评。也就是说，受批评才能了解上级，接受批评才能体现对上级的尊重。所以，批评的对与错本身有什么关系呢？比如说错误的批评吧，对你晋升来说，其影响本身是有限的。你处理得好，反而会成为有利因素。可是，如果你不服气，发牢骚，那么，你这种做法产生的负效应，足以使你和领导的感情疏远，关系恶化。当领导认为你"批评不起"、"批评不得"时，也就产生了相伴随的负印象——认为你"用不起"、"提拔不得"。

受到批评时，最忌当面顶撞。当面顶撞是最不明智的做法。既然是公开场合，你下不了台，反过来也会使领导下不了台。其实，如果在领导一怒之下而发其威风时，你给了他面子，这本身就埋下了伏笔，设下了转机。你若能坦然大度地接受其批评，他会在潜意识中产生歉疚或感激之情。

受到上级批评时，反复纠缠、争辩，希望弄个一清二楚，这是很没有必要的。确有冤情，确有误解怎么办？可找一两次机会表白一下，点到为止。即使领导没有为你"平反昭雪"，也完全用不着纠缠不休。这种斤斤计较型的部下，是很让领导头疼的。如果你的目的仅仅是为了不受批评，当然可以"寸土必争"、"寸理不让"。可是，一个把领导搞得筋疲力尽的人，又何谈晋升呢？

受批评，甚至受训斥，与受到某种正式的处分、惩罚是很不同的。在正式的处分中，你的某种权利在一定程度上受到限制或剥夺。如果你是冤枉的，当然应认真地申辩或申诉，直到搞清楚为止，从而保护自己的正当权利。但是，受批评则不同，即使是受到错误的批评，你的情感和自尊心也会受到伤害，在周围人们心目中的形象也受到一定影响。但如果你处理得好，不仅会得到别人的尊重，甚至会收到更有利的效益。相反，过于追求弄清是非曲直，反而会使人们感到你心胸狭窄，经不起任何误解，人们对你只能戒备三分了。

3. 接受批评才能更进步

艾列克在大学主修音乐，每天练习超过 8 个小时，同学们都对他这种对音乐的执着感到相当佩服。由于在校的成绩相当优异，所以毕业之后，他如愿以偿地申请到奖学金继续深造。

过了一段时间之后，艾列克的大学同学偶然在路上遇见他，发现他整个人都变了，从以往的神采飞扬，变得十分低沉消极。

原来，艾列克虽然申请到最好的音乐学院的奖学金，但是只读了 8 个月就辍学了。他之所以决定辍学，主要原因是音乐学院的环境和大学不同，听他演奏的对象并不是一般人，而是拥有专业音乐素养的精英，同时还得接受各种不同的批评。

这些批评有的很中肯，有的却是恶意中伤。艾列克没有办法承受这种种的批评，于是他开始一蹶不振。

艾列克非常沮丧，不管亲朋好友怎么劝导，都无法让他释怀。后来，艾列克决定回大学去拿教育学位，改行当音乐老师，但是因为他已经对音乐失去信心，所以当了老师后，同样不热衷于教学，慢慢地，就这样放弃原本深爱的音乐了。

由于没有接受批评的勇气，所以许多人放弃了自己的梦想。

由此可见，要成为一名成功人物，除了立定目标之外。勇气也是不可或缺的条件，如果没有勇气面对外在的批评或打击，怎么能够改善自己的不足，从竞争激烈的环境中脱颖而出呢？

4．心理学家的建议

有一个调查，关于美国人对待批评的态度，90%认为批评是可怕的，具有破坏性，应该竭力避免。只有10%的人认为批评有其积极的作用，它能帮助我们尽快地成长。

其实，正确的批评对我们大有裨益。面对批评，我们该采取什么样的态度呢？心理学家给我们10条建议：

（1）别人批评你时，要平心静气，而且明确表示你在认真倾听。至于你是否同意对方的批评，可以等他说完了再说。

对他的批评的反应，可以虚怀若谷，从善如流；可以用再考虑一下之类的话拖延，取得一定程度的控制权；如果不同意对方的意见也要委婉提出，如说："我明白你的看法，但很抱歉，我的看法与你的不相同。"千万不能假装同意，以致被人误会你始终在敷衍。

（2）用眼睛望着对方，表示你十分重视他的讲话，而且认真听取。

（3）对刚刚批评过你的人，无论如何不能表示反对他的批评，否则会被视为不接受批评，甚至报复，尽管你的初衷未必如此。

（4）不要开玩笑。不要用嘻嘻哈哈的方式对待别人的批评，否则会被认为不严肃，对对方不尊重。

（5）不要歪曲别人的批评，切勿武断。如果有人说你衣服鞋子不搭配，千万不要意气用事："他的意思是我鉴赏力差，穿衣没品位，是个乡巴佬。"

这样一来，会恶化彼此的关系。

(6) 在别人讲完之前不要转换话题。

(7) 不要暗指批评你的人对你有成见，别有用心，存心与你过不去。即使别人真的有什么"用心"，也要等以后再说，不可当面反唇相讥，这是一个人的涵养问题。

(8) 被批评后不要垂头丧气，以免令对方不知如何是好。

(9) 让对方知道你了解他的批评。必要的话可以重复一下对方的要点，会令其感到你重视他的意见，他的批评是有效的，而且没有伤害你。

(10) 不要强词夺理或沉默不语。一定的解释是必要的，但强词夺理于事无补，沉默也绝不是接受批评的正确方式。这两种反应都会妨碍对话的进行。

求人办事6大计

"求人"就是"出卖"自己！

一个人有多少本钱就能做成多大的买卖。

在求人时，必须把自己当成商品，同时化身为这项商品的超级业务员，向顾客（你有所求的人）证明这项商品的价值绝对值得他投资。

除此之外还需要认清以下4种事实：

(1) 认清求人的本质是为了生存，所以你必须求人。

(2) 认清说话的讲台是为对方准备的，你必须具备的一切说话技巧都是为了衬托对方。

(3) 认清自己有多少实力，哪些是可以为你换来具体价值的。

(4) 认清见招拆招是求人必备的生存术，只要在利己不损人的情况下，使一点小计谋、耍一点手段是道德的。

如果以前，你低声下气，弯腰磕头都不一定能求到帮助，那么现在你准备好，重修"求人"这堂课吧！

1. 套交情，展现亲和力

关系愈亲密的人愈容易对人敞开心房。

求人有时会使双方产生一种距离感，还会让谈话难以融洽地进行。这时你就可以通过一些让两人关系更亲密的技巧，让彼此之间的距离缩短。

日本前首相中曾根康弘，某次赴美与里根总统会谈时互以昵称代替客套的称谓，两人在亲密友好的气氛中进行会谈，此事一时成为外交界流传的佳话。能够以昵称或名字互称，必须要有相当亲密的关系，否则是很难说出口的。世上绝没有对初见面的人以昵称或名字来称呼，必然会附上先生、教授、老师等，待相处久后才会以对方的名字来相称。

从心理学的观点看也是如此，当两人心理上的距离愈来愈靠近时，他们的称呼法也从头衔到姓、到名。但也有些人虽然见面不久不算是亲密，但若他极欲亲近对方，也不妨以名字或昵称来称呼。

一位教师讲述他自己经历的事："某次有位从前我教过的学生来要求我帮他做媒，当时我便问他何以两人的关系如此快速地进展。他回答说：'某次我与她见面时，她突然直接喊我的名字，使我顿时感到与她的关系是如此的亲近。'而在此之前他们两个只以姓氏互称而已，可见称呼对两人心理上的距离有很大的影响。"

因此，求人时如果一时难以接近，不妨利用称呼的方式拉近你们的距离，而且口吻必须自然，不可让对方感觉你是在装腔作势。两人的距离若是因此而接近，那么事情就很容易解决了。

2. 恭维要恭维到心坎里

顺情说好话一般叫作赞美或者颂扬，世俗的说法即是阿谀奉承和溜须拍马之类。其实，这种世俗的说教是最不利于办事的。要想把事情办成功，总得多拣些对方爱听的话说，才有利于解决问题。

几乎任何人都有虚荣心，当你迎合其虚荣心对他们加以颂扬时，就会产生你所期望的功效。

林肯曾说："一滴甜蜜糖比一加仑苦胆汁能够获得更多的苍蝇。"

人不分男女，无论贵贱，都喜欢听合其心意的赞誉。同时，这种赞誉，能给他们加倍的能力、成就和自信的感觉。这的确是感化人的有效方法。

然而，恭维不当，恰似明珠暗投，更有甚者，反而激起疑惑，甚至反感，这便是懂得恭维却没有掌握恭维的分寸和方法。

因此，求人办事，要懂得如何赞美对方。即使直言劝谏的魏徵都懂得恭维人。

有一回，魏徵进宫谒见唐太宗，深深地低着头说："老臣一向为国鞠躬尽瘁，往后当然也会坚守岗位，不负陛下所托。但是请陛下不要把老臣视为忠臣，就当作是良臣吧！"

于是，唐太宗便问道："忠臣与良臣，有何不同呢？"

魏征说："自然有所不同。所谓良臣，非但其本身可受世人称赞，而且也可以为君主带来明君的隆誉。但是，忠臣就不一样。忠臣非但自己会遭诛杀的横祸，而且君主也会背上暴虐无道的罪名，国家也会灭亡，最后也许会留下'曾经有位忠臣'的名声流传后代。由此可见了，良臣与忠臣有天渊之别呢！"

唐太宗听了大受感动，说："我知道了。希望你能信守刚才的话，我也会小心谨慎，以免有所失误。"并且，还赐给魏徵一份丰厚的奖赏。

"使臣为良臣，勿使臣为忠臣"这句话实在很耐人寻味。即使是以直言敢谏闻名的魏征，有时也要以如此委婉的言辞说自己所得的美名都是多亏有他这样的名君，如此一来哪天魏征又因为直言而让太宗下不了台时，便可以"良臣"提醒太宗。魏徵这样的恭维，实在运用得太绝妙了。

我们常常遇到这种窘境——明明很讨厌对方，却又有求于他。但俗语说得好："大丈夫能屈能伸。"只要不丧失原则，为了目标的实现，不妨来个小小的妥协，甚至不妨恭维对方，取悦于他。

无论任何人都有自尊心，总希望得到别人的尊敬和信赖，因此，有时即使明知对方说的是奉承话，亦会欣然接受，而愈是自视清高的人愈是有这种倾向。

拜托一些自尊心特强的人做事并不容易。要这种人主动地帮忙，必须针对他的自尊心，强调其能力，满足其优越感，在自尊心膨胀之下，必会为你好好地努力一番。

请求他答应自己的要求时，应强调他各方面都比别人高出一筹，唯有他才能胜任。最重要的是不让他觉得自己是被随意挑中的，所以一开始便要说："我认为只有你才能办到。"假设主管要派下属到偏远地区就职，相信无论谁都不愿接受这样的任务，但他却可以很有技巧地令对方欣然接受。他首先将那个营业区目前的情况说得一团糟，再以无限信任的口吻说："我认为只有你才有能力让那边扭转乾坤，起死回生。"并做出"除你之外不做第二人想"的结论。相信将被远调的下属听了之后，一开始的不快心情会逐渐消失，感觉到自己受到公司的高度重视，内心斗志陡然升起。

3. 请将不如激将

遇到正面恳求难以达成目的的情况，就不妨从反方向上努力，采取激将法。

在求人办事时，求人办事者为了让对方动摇或改变原来的立场和态度，利用一些略带贬损意义的、不太公正的话给对方罩上一顶"帽子"，而对方一旦被罩上这顶帽子，就会激起一种极力维护自我良好形象的欲望，从而用语言或行动表示自己不是这样，自动地去改变原来的立场和态度。

诸葛亮就是运用激将法的大师。

汉献帝十三年（公元 208 年），曹操率大军攻打江南。刘备为了避免灭顶之灾，派孔明去东吴游说，试图说服东吴联合抗曹。

这一天，孔明在鲁肃的陪同下去见周瑜。周瑜听完鲁肃的军情报告后，顺口说了句："应该向曹操投降。"周瑜之所以这样说，是想看看孔明的反应，摸清孔明的意图。

孔明听了微微一笑，说："将军所言极是！"之后，他又装作很诧异的样子，说："主战派的鲁肃将军，竟然不理解天下大势。"

孔明继续说："吴国有一种可不受任何损失的投降方式，那就是把大乔、小乔两名美女献给曹操，这样曹操的百万大军就会无条件撤退。"接着，就高声朗诵起《铜雀台赋》中的一段来：

"从明后以嬉游兮，登层台以娱性；见太府之广开兮，观圣德之所营；建高门之嵯峨兮，浮双关乎太清……"

诵完后，孔明继续说："此赋是曹植所作，当曹操在漳河之畔兴建豪华的铜雀台时，曹植特作赋来赞美，赋的意思是说：'当大王即位之后，在江河畔景盛之地建金殿玉楼，极尽庭园之美，藏江东名媛大乔、小乔于此为荣。'就吴国而言，牺牲大乔、小乔这两个美女，等于是从大树上落下两片树叶而已。所以，不如把大乔、小乔送往曹营。如此一来问题便可顺利解决，根本不必再让将军劳神。"

周瑜一听孔明此语，勃然大怒，将酒杯掷向地上，厉声骂道："曹操之老贼未免欺人太甚！"

原来所谓"二乔"是江南两大美女。大乔是孙策的遗孀，小乔是周瑜的夫人。孔明心之肚明却故意这样说刺激对方。孔明的这一连串的圈套，将周瑜抗曹的本意激了出来。于是孔明趁热打铁，详细分析形势，更加坚定了周瑜抗曹的决心。

激将法的妙处就在于，它可以让你请求的对象在瞬间情绪失控，答应下他在冷静的时候难以答应的事情。

4. 笑脸是走遍天下的通行证

微笑会让世界变得不一样。

俗话说"生人难见面"。人们在与陌生人打交道的时候往往会有本能的自我保护心理。遇到陌生人来求自己办事时，这种警惕性就会更加强烈。因此就需要求人成事者礼貌待人、主动热情，从表情、发型、衣着、谈吐、动作、举止到人格修养等各方面都表现出一种既真实自然又落落大方的态度，以赢得对方的好感和喜爱。尤其是求职、求爱以及推销时，这一点更加显得重要。

求人成事时与对方第一次的交谈要热情大方，积极主动，礼貌周到。这些事看起来很容易，实际上有技巧。当然人人都会打招呼，但是要做到完美、得体，还要用心。有礼貌地打招呼，是与人交往、建立良好人际关系的一个不可缺少的因素。在欧美国家，一般说来，即便是亲密的朋友之间，打招呼也很礼貌，朋友之间、夫妻之间都是如此。对于求人成事者来说，第一次打招呼给人的印象尤为重要，因而要特别注意礼节，要考虑周详。

对于一般人来说打招呼、点点头，或者微微欠一下身就已足够，但对求人者来说就不够了。因为对方也许比较讲究礼节，他会想："我可是他所要求的人啊！这家伙毛毛躁躁、不懂礼貌，大概靠不住！"于是可能原来答应帮助你的想法也会改变了。对于这位求人者来说，可能就失去了这一重要机会。

每个人都希望得到对方的尊重，受到别人的礼貌接待。作为求人者应该理解人们的这种需要，并能主动给予满足。打招呼是走近对方的第一步，礼貌也应该从这里开始。

5. 想要求谁，就要学会模仿谁

物以类聚，人以群分，人们总是对与自己相似的人感到亲近，而对陌生的人感到疏远。懂得这一点，你就会明白，求人办事的时候逢场作戏是多么重要了。

日本有个推销大王名叫山田久二。他推销的秘诀就是说话看对象，见什么人说什么话，积极求同。他不仅模仿对方的口音、言谈、身体姿态，还依据对方的爱好、职业等特点来打扮自己，使对方感到特别亲近可靠。有人对他的做法不以为然，批评他是"逢场作戏"。他则说："我不是做戏，是为了向对方表明我是和他们同类的人——人们需要这样。"

"逢场作戏"、"投其所好"通常都被视为贬义词，这当然是因为有的人是出于自私的、不可告人的目的。如果是为了与人交际、求人成事而积极求同，大可基于光明正大的心愿去"逢场作戏"、"投其所好"，这也确实是与人交往和求人成事的一大学问。帕特里夏·穆尔的故事也是这样的。

穆尔是个年轻女性，她攻读硕士学位的时候就潜心研究老年人的需求，她很快发现许多老年人不愿谈及自己生活中遇到的困难。每当与老年人交谈，她得到的答复都是："我很好，亲爱的，不用为我担心。"她知道，他们是害怕如果人们知道他们不能自己吃饭、洗澡的话，他们就会被送进养老院。

穆尔正愁无法接近这些老年人时，在一次聚会上，她偶尔与一位化妆师交谈，忽然有了主意：把自己扮成老妇！于是，她装扮成一个面容衰老、行动迟缓、耳目失灵的老太太。为了真正了解老年人的实际情况和需要，她不辞辛苦地花了两年的时间，走访了 116 个城市，接触了无数位老人，所有的老人都能坦率地对她谈论生活中遇到的大大小小的困难——她终于达到了目的。

我们一般求人成事用不着像穆尔扮老妇那般煞费苦心，但是需要这种积极求同的方法，常常是两三句话就会消除陌生感，寻求到交流的共同点。

6．关键时刻，主动出击

对于很多求人办事的人来说，最大的苦恼在于找不到一个恰当的机会。其实，机会不是仅仅靠等待就能得来的，它也要靠有心人去主动创造，同时，机会一旦出现就要牢牢抓住，没有抓住的永远都不能叫作机会。

秦国宰相范雎受到秦昭襄王的充分信任，在内政和外交上为秦国做出了很大贡献，使秦国在当时建立了霸主地位。他的权势不仅在秦国国内，对其他诸侯也有很大影响力。

但是，在他为相的后几年，出现了令范雎"惧而不知所措"的事情。事情发生在他为相的第七年。由他推荐而被提拔为将军的郑安平，在和赵国的一次征战中苦战不敌，率兵投降。过了两年，他所推荐的河东太守王稽，又因私通诸侯被诛。按照秦国当时的法律，投降和私通外邦都是重罪，而推荐者也须连坐，就是说推荐者和犯罪者一样，也得被诛杀头。只是由于他深受昭襄王信任，才被豁免。

相继发生的这两件事，使得范雎心里感到恐惧和不安。

这一消息很快传开了，那些早已虎视眈眈等候时机的各国说客们见此良机无不大感兴奋。

燕国有一位名叫蔡泽的说客听到这一消息认为机不可失，于是立即动身前往秦国。一到秦国，他便托人介绍，晋见范雎。

蔡泽说道："逸书上有记载：'成功者不可久处。'你该趁这个时机辞去相位才算聪明，如果你只知晋升不隐退，只知伸不知屈，只知往不知退，必然会带给自己祸害。这个比喻，请您三思。"

范雎答应着说："善。吾闻'欲而不知止，则失其所以欲；有而不知止，则失其所有。'先生幸教，雎敬受命。"

几天之后，范雎进朝，推荐蔡泽，自求隐退。昭襄王苦留不果，最后只好应允。

蔡泽主动出击，成功地抓住机会求人推荐自己，最后获得了宰相之职，踏上仕途。

求人时等待时机的来临需要有充分的耐心。这个过程必须经过积极的准备、等待条件的成熟，而且等待时机绝不等于坐视不动。

倘若时机来临后仍然消极无为，那这种人是愚蠢的人，也是最可悲的人。

机遇伴随时间而来，也伴随时间而去，它和时间一样是来去匆匆。如果你不牢牢地将其抓住，那么，它将和时间一起从你的指间滑落，留给你的将只是无聊的怅惘和遗憾。因此，求人时只有那些能看准时机，并主动去把握时间的人才能成为幸运的成功者。

能力不够，借助外援

星期六上午，一个小男孩在沙滩里玩耍。他身边有他的一些玩具——小汽车、货车、塑料水桶和一把亮闪闪的塑料铲子。在松软的沙堆上修筑公路和隧道时，他发现一块很大的岩石挡住了去路。

小男孩开始挖掘岩石周围的沙子，企图把它从泥沙中弄出去。他是个很小的孩子，而岩石却相当巨大。手脚并用，他花尽了力气，岩石却纹丝不动。小男孩下定决心，手推、肩挤、左摇右晃，一次又一次地向岩石发起冲击，可是，每当他刚把岩石搬动一点点的时候，岩石便又随着他的稍事休息而重新返回原地。小男孩气得直叫唤，使出吃奶的力气猛推猛挤。但是，他得到的唯一回报便是岩石滚回来时砸伤了他的手指。最后，他筋疲力尽，坐在沙滩上伤心地哭了起来。

这整个过程，他的父亲从不远处看得一清二楚。当泪珠滚过孩子的脸庞时，父亲来到了他的跟前。父亲的话温和而坚定："儿子，你为什么不用上所有的力量呢？"男孩抽泣道："爸爸，我已经用尽全力了，我已经用尽了我所有的力量！""不对，"父亲亲切地纠正道，"儿子，你并没有用尽你所有的力量。

你没有请求我的帮助。"说完，父亲弯下腰抱起岩石，将岩石扔到了远处。

人互有短长，你解决不了的问题，对你的朋友或亲人而言或许就是轻而易举的，他们也是你的资源和力量。

"一个好汉三个帮"，要善于待人接物，结交朋友，以便互相提携，互相促进，互相借重。钢铁大王安德鲁·卡内基曾预先写好他自己的墓志铭："长眠于此地的人懂得在他的事业过程中起用比他自己更优秀的人。"而这，也正是他成功的秘诀之一。善于借助别人的力量，让弱小的自己变得强大，让强大的自己变得更加强大，使自己的成功更持久。

1. 借人

人脉很重要。善于利用他人力量才能取得成功。

"利用"一词似乎带有贬义，但与人合作，互相帮助的确是成就事业的一种方式。如果能养成"他山之石可以攻玉"的合作之道，将来必定大有所为。

米歇尔是一位青年演员，刚刚在电视上崭露头角。他英俊潇洒，很有天赋，演技也很好，开始时扮演小配角，现在已成为主要角色演员。从职业上看，他需要有人为他包装和宣传以扩大名声。因此，他需要一个公共关系公司为他在各种报纸杂志上刊登他的照片和有关他的文章，增加他的知名度。不过，要建立这样的公司，米歇尔拿不出那么多钱来聘用高级雇员以及支付其他开销等。

偶然的一次机会，他遇上莉莎。莉莎在纽约一家公关公司，但到目前为止，一些比较出名的演员、歌手、夜总会的表演者都不愿意同她合作，她主要是做一些小买卖和与零售商店做生意。两人一拍即合，联合干了起来。米歇尔成为她的代理人，而她则为他提供出头露面所需要的经费。他们的合作达到了最佳境界，米歇尔是一名英俊的演员，并常在电视剧中出现，莉莎便让一些较有影响的报纸和杂志把眼睛盯在他身上。这样一来，她自己也变得有名了，并很快为一些有名望的人提供社交娱乐服务，他们付给她很高的报酬。而米歇尔，不仅不必为自己的知名度花大笔的钱，而且随着名声的增长，也使自己的业务活动更加频繁了。

俗话说："一个篱笆三个桩，一个好汉三个帮。"善于利用他人，与他人合作，会获得更多的机遇，力量也能得到增强。因此，懂得利用他人，实际上就等于你的成功有了希望。

南方有一位成功的商人，朋友无数，三教九流都有，他也承认自己朋友多，并且他会因人而异地加以利用。

他说，虽然自己交朋友都是真心的，但别人来和他做朋友并不一定都是诚心的。在他的朋友中，人格高尚的固然有很多，但想从他身上获得利益、心存二意的朋友也不少。

"对方有坏意、不诚恳的话，我总不能对他推心置腹吧？"这位商人说，"那只会害了我自己。"

所以，在不得罪人的情况下，他把朋友分了等级，有"刎颈之交级"、"推心置腹级"、"酒肉吃喝级"、"嘻嘻哈哈级"、"保持距离级"等等。和对方的交往密度与自己打开心扉的程度往往依据这些等级来决定。因为不同的朋友有不同的作用，可以借他们的能力和特点成就自己的事情。

2．借财

有一个小伙子，在一所著名大学念书。自从开始上大学，就立志要出国念法律，他为此考了"托福"，也考了"LSAT"，成绩很好，美国的哈佛、耶鲁的法学院也都寄来了入学通知书。但是，两个学校都只给他半奖。他还必须每年支付1.5万美元的学费和生活费。虽然到美国后半工半读这1.5万美元可以挣来，可第一年去总得带上几万人民币。这个数字对他来说简直是个天文数字。

在一次老乡会上，他认识了一位在北京做生意的老乡，这位老乡是个亿万富翁。这个小伙子很有心计，专门到这位老乡家里拜访了两次，还专门把自己面临的问题——要么借钱去美国，成就一番事业，要么放弃出国的打算，在国内寻求其他发展，与这位老乡探讨。

在知道这位小老乡的困难后，这位亿万富翁痛快地答应先让小老乡从自己这里借20万，以后在美国混出息了再还他，如果混得不好，这20万就算是资助了。有了这20万，这位小伙子成功地去了耶鲁大学法学院，毕业后在著名跨国企业——通用汽车公司法律部任要职。此时，20万人民币，对他只是一个小Case，但是，如果当初他没有借助老乡对他的支援，现在，他也可能干得很成功，但他的美国梦或许就破灭了。

蒲公英借助风力把它的种子撒向四方，鸟儿借助树木把它的家安置妥当，世界上哪有不借外力而孤立存在的人呢？

3. 借势

清政府的官场中历来靠后台，走后门、求人写推荐信成风。军机大臣左宗棠从来不给人写推荐信，他说：一个人只要有本事，自会有人用他。左宗棠有个知己好友的儿子，名叫黄兰阶，在福建候补知县多年也没候到实缺。他见别人都有大官写推荐信，想到父亲生前与左宗棠很要好，就跑到北京来找左宗棠。但左宗棠为人耿直，知道黄兰阶的来意后，婉言谢绝，只是送了黄兰阶一些银子作为路费开销用。

黄兰阶又气又恨，虽然不死心，可也没有办法，又不想立刻打道回府，就闲踱到琉璃厂看书画散心。忽然，他见到一个小店老板学写左宗棠字体，十分逼真，心中一动，想出一条妙计。他让店主写柄扇子，落了款，得意扬扬地摇回福州。

这天，是参见总督的日子，黄兰阶手摇纸扇，径直走到总督堂上，总督见了很奇怪，问："外面很热吗？都立秋了，老兄还拿扇子摇个不停。"

黄兰阶把扇子一晃："不瞒大帅说，外边天气并不太热，只是我这柄扇是我此次进京，左宗棠大人亲送的，所以舍不得放手。"

总督吃了一惊，心想：我以为这姓黄的没有后台，所以候补几年也没任命他实缺，不想他却有这么个大后台。左宗棠天天跟皇上见面，他若恨我，只消在皇上面前说个一句半句，我可就吃不住了。总督要过黄兰阶扇子仔细察看，确系左宗棠笔迹，一点不差。他将扇子还与黄兰阶，闷闷不乐地回到后堂，找到师爷商议此事，第二天就给黄兰阶挂牌任了知县。

黄兰阶不几年就升到四品道台。总督一次进京，见了左宗棠，讨好地说："宗棠大人故友之子黄兰阶，如今在敝省当了道台了。"

左宗棠笑道："是嘛！那次他来找我，我就对他说：'只要有本事，自有识货人。'老兄就很识人才嘛！"

总督不解其意，还以为左宗棠暗语感谢他出手相助呢。

殊不知黄兰阶能够官拜道台，是以左宗棠这个大贵人为背景，才得以让总督这个小贵人给他升了官。当然，欺世盗名，瞒天过海，是应该遭受谴责的，清政府的官场腐败也令人惊诧且痛恨。但是，单从借力的角度，为自己寻求一些贵人作为背景，从而使自己尽快得到提拔，才华得以施展，从这个角度看却是很值得借鉴的。

4．借对手之力

成事的高手往往是借力的高手，这话一点不假。因为真正善借人之力成己之事者，其借力的形式不拘一格，常能出人意料，独创出一条借力新路。借对手之力即是其中之一。

希尔顿在建造达拉斯希尔顿饭店时，这个饭店的建筑费用要 100 万元，而他当时并没有这么多钱，所以开工后不久，就没有钱买材料和交付工钱了。

希尔顿想了一个奇招，他决定去拜访地产商杜德，也就是那个卖地皮给他的人。

希尔顿找到他后，开门见山地说："杜德，我没有钱盖那房子了。"

"那就停工吧。"杜德毫不经意地说，"等有钱时再盖。"

"我的房子这样停工不建，损失的可不是我一个人。"希尔顿故意顿了一下，才接道，"事实上，你的损失将比我还要大。"

"什么？"杜德眼睛瞪得像铃铛，不相信自己耳朵似的，"你这话是什么意思？"

"很简单。如果我的房子停工了，你附近那些地皮的价格一定会大受影响，如果我再宣扬一下，希尔顿饭店停工不盖，是想另选地址，你的地皮就更不值钱了。"

"怎么，你想要挟我。"

"没有人要挟你，我只是就事论事。"

"可是，你是没有钱才……"

"没有人知道我会没钱。"

"我会告诉他们的。"

"没有人会相信，我现在已拥有好几个饭店，规模虽都不算大，但声名却不坏。相信我的人一定比你多。同时我做的生意交际广，认识的人也比你多。"

这番话使杜德动容了，说话的气势小多了。"咱们无冤无仇，你何苦跟我过不去？"

"为了希尔顿饭店的名誉，我不得不出此下策。"希尔顿的态度也变得很委婉，"我总不能让大家知道我穷得连盖房子的钱都没有吧。"

"可是，你绝不能为了你自己把我也给害了。"

希尔顿故意皱着眉头，沉思一会儿后说："我倒是有个两全其美的办法，不知道能不能行？"

"什么办法？"

"你出钱把饭店盖好，我再花钱买你的。"杜德张嘴欲言，希尔顿用手势止住他，接道：

"你别急，听我把话说完。你出钱盖房子，我当然不会亏待你，就等于是你盖房子卖。最主要的是，饭店的房子不停工，你附近那些地皮的价格就会上扬。我如果再想个办法宣传宣传，你的地皮不是价钱更好了吗？"

虽然这是希尔顿耍的手段，但实情也确是如此，无奈之下，杜德只好答应了他的条件。

1925年8月间，达拉斯希尔顿饭店开张了。这是一家新型大饭店，也是希尔顿饭店进入现代化的一个起点。

希尔顿让地产商按照他的设想把房子盖好，然后又让地产商以分期付款的方式卖给他。这种事听起来似乎根本不可能，但事实上，只要抓住了对手的"七寸"，即使让他们干一些暂时牺牲自己利益的事，他们也会照办的。

以德报怨，化敌为友

卡尔是一位卖砖的商人，由于另一位对手的竞争而使他陷入困难之中。对方在他的经销区域内定期走访建筑师与承包商，并告诉他们：卡尔的公司不可靠，他的砖块不好，生意也面临即将停业的境地。

卡尔并不认为对手会严重伤害到他的生意。但是这件麻烦事使他心中生出无名之火，真想"用一块砖头敲碎那人肥胖的脑袋"作为发泄。

有一个星期天早晨，卡尔听了一位牧师讲道的主题：要施恩给那些故意跟你为难的人。卡尔把每一个字都记下来。卡尔告诉牧师，就在上个星期五，他的竞争者使他失去了一份25万块砖的订单。但是，牧师却教他要以德报怨、化敌为友，而且他举了很多例子来证明自己的理论。

当天下午，当卡尔安排下周的日程表时，发现住在弗吉尼亚州的一位顾客，正为新盖一幢办公大楼要一批砖而发愁。可是他所指定的砖却不是卡尔他们公司所能制造供应的那种型号，但却与卡尔的竞争对手出售的产品相似。同时卡尔也确信那位满嘴胡言的竞争者完全不知道有这笔生意的机会。

这使卡尔感到为难。如果遵从牧师的忠告，他觉得自己应该告诉对手这项生意的机会，并且祝他好运。但是，如果按照自己的本意，他但愿对手永远也得不到这笔生意。

卡尔内心挣扎了一段时间。牧师的忠告一直萦绕在他的心田。最后，也许是因为很想证实牧师是错的，卡尔拿起电话拨到竞争者的家里。

当时，那位对手难堪得说不出一句话来。卡尔很有礼貌地直接告诉他，有关弗吉尼亚州的那笔生意的消息。

那位对手一下子结结巴巴地说不出话来，但是很明显的是，他很感激卡尔的帮忙。卡尔又答应打电话给那位住在弗吉尼亚州的承包商，并且推荐由对手来承揽这笔订单。

后来事情的发展令卡尔深感意外。对手不但停止散布有关他的谎言，而且甚至还把他无法处理的一些生意转给卡尔做。现在，除了他们之间的一些阴霾已经获得澄清以外，卡尔还获得了宽容、正派的声望，另外，他的心情比以前好得多了。

以恨对恨，恨永远存在；以爱对恨，恨自然消失。

以德报怨、化敌为友是避免别人伤害所能采用的上策。这样，你就很容易把对手变成朋友。

1. 忘记仇恨，释放自己

古希腊神话中有一位大英雄叫海格力斯。一天他走在坎坷不平的山路上，发现脚边有袋子似的东西很碍脚，海格力斯踩了那东西一脚，谁知那东西不但没被踩破，反而膨胀起来，加倍地扩大着。

海格力斯恼羞成怒，操起一条碗口粗的木棒砸它，那东西竟然张大到把路堵死了。

正在这时，山中走出一位圣人，对海格力斯说："朋友，快别动它，忘了它吧，离开它，远去吧！它叫仇恨袋，你不犯它，他便小如当初，你侵犯它，它就会膨胀起来，挡住你的路，与你敌对到底！"

生活中，我们难免会与别人产生摩擦误会，甚至仇恨，但别忘了在自己的仇恨袋装满宽容，那样我们就会少一份障碍，多一份成功的机会，否则，我们将永远被挡在通往成功的道路上，直到被打倒。

忘记仇恨，才能心理平衡、解放自己。你宽恕了，你的怨恨、责怪、愤怒就没有了。宽恕是消除怨恨、责怪、愤怒的良药。

"念念不忘"别人的"坏处"，实际上最受其害的就是自己的心灵。搞得自己痛苦不堪，何必呢？这种人，轻则自我折磨，重则就可能导致疯狂的报复，疯狂的结果是自我毁灭。生气是用别人的错误来惩罚自己，宽恕是心灵的解脱。

忘记仇恨，才能提高自己，开阔自己。在人与人之间，在许多情况下，人们误以为"仇人"的，又未必就是真的是什么"仇人"。退一步说，即使是"仇人"吧，对方心存歉意，诚惶诚恐，你不念旧恶，以礼相待，进而对他格外地表示亲近，也会使为"仇"者感念其诚，改"仇"为善。把"仇人"看作朋友，坚持感情的输入，坚持礼让。如果你这样做了，说明你正在一点点地提高自己，开阔自己。

林肯冲破重重阻碍当上总统之后，仍任用了一个能力很强的原先的死对头任部长之职。幕僚和随从们都十分不解。

"他是我们的敌人，应该消灭他！"大家愤怒地建议。

"把敌人变成朋友，"林肯解释说，"既消灭了一个敌人，又多得了一个朋友。"

从这里，我们可以看到，宽容者有着宽广的胸怀和巨大的智慧。善于忘记仇恨，是成就事业者的一个特征。既往不咎的人，才可以放下沉重的心理包袱，大踏步地前进。

2. 帮助你的仇人

从前有一个富翁，他有 3 个儿子，在他年事已高的时候，富翁决定把自己的财产全部留给 3 个儿子中的 1 个。可是，到底要把财产留给哪一个儿子呢？富翁想出了一个办法：他要 3 个儿子都花 1 年时间去游历世界，回来之后看谁做到了最高尚的事情，谁就是财产的继承者。

1 年时间很快就过去了，3 个儿子陆续回到家中，富翁要 3 个人都讲一讲自己的经历。大儿子得意地说："我在游历世界的时候，遇到了一个陌生人，他十分信任我，把一袋金币交给我保管，可是那个人却意外去世了，我就把那袋金币原封不动地交还给了他的家人。"二儿子自信地说："当我旅行到一个贫穷落后的村落时，看到一个可怜的小乞丐不幸掉到湖里，我立即跳下马，从河里把他救了起来，并留给他一笔钱。"三儿子犹豫地说："我，我没有遇到两个哥哥碰到的那种事，在我旅行的时候遇到了一个人，他很想得到我的钱袋，一路上千方百计地害我，我差点死在他手上。可是有一天我经过悬崖边，看到那个人正在悬崖边的一棵树下睡觉，当时我只要抬一抬脚就可以轻松地把他踢到悬崖下，我想了想，觉得不能这么做，正打算走，又担心他一翻身掉下悬崖，就叫醒了他，然后继续赶路了。这实在算不了什么有意义的经历。"富翁听完 3 个儿子的话，点了点头说道："诚实、见义勇为都是一个人应有的品质，称不上是高尚。有机会报仇却放弃，反而帮助自己的仇人脱离危险的宽容之心才是最高尚的。我的全部财产都是老三的了。"

难得这位富翁这么明白，把人生参悟得这么透彻。

帮助自己的仇人脱离危险看似糊涂，实则是一种难能可贵的高尚品质。

3. 欣赏自己的对手

程超去一家著名的广告公司求职，顺利地通过了第一轮测试，成了 10 位入围者之一。第二轮测试内容很简单：让每位入围者按要求设计一件作品并当众展示，让另外 9 个人打分并写出相关的评语。

程超在评分时，对其中 3 人的作品非常佩服，怀着复杂的心情给他们打了高分，并写下了赞语。

令他意外的是，他入选了！而更令他意外的是，他欣赏的那3人中只有一位入选！他不明白这是为什么？

该广告公司总裁的一番话使他幡然醒悟。总裁说："入围的10个人可以说都是佼佼者，专业水平都比较高，这固然是重要的方面。但公司更为关注的是，入围者在相互评价中，是否能彼此欣赏。因为，庸才自以为是，看不见别人的长处，若对对方视而不见，那就显得心胸太狭隘了，从严格意义来说那不叫人才。落聘的几位虽然专业水平不错，但遗憾的是他们缺乏欣赏对手的眼光，而这点较专业水平其实更重要。"

这似乎并不是一个直接关于合作的故事，因为在这个故事里，大家都是一个人完成自己的作品。其实故事想要表达的含义并不限于此，能够欣赏别人、接纳别人，不自命清高，才是这个故事要宣扬的，因为这些品质是合作真正开始的必要条件。

4.打击对手要点到为止

世界上没有永远的朋友，也没有永远的敌人。与对手争斗时，如果你占尽上风，那也不必执意要把对手打到无法翻身的境地，因为很多时候对手也可以成为朋友。对对手打击太过不但会把对手逼上绝境，也常会把自己弄得伤痕累累，断绝了自己的后路。这种做法于人于己两不利，但却是聪明人常会犯的错误。

朱元璋是中国历史上有名的打击对手的"削棘"高手，但他也恰恰栽在没有"点到为止"上。朱元璋史称"雄猜之王"，既野心勃勃又疑心重重，心地险恶。他当上皇帝后，打天下时的那种虚心纳贤、任人唯贤的作风全抛在脑后，朝思暮想地维护他的绝对尊严和家天下。为此，他用各种卑劣手段，排除异己，残杀功臣。

当朱元璋年过50以后，已感体力不支，他不能不考虑权力交换的问题。他认为太子柔弱，难以驾驭这些桀骜不驯的功臣，于是他制造一个又一个的冤案，大肆杀戮功臣，想为太子扫清执政的障碍。

接下来，朱元璋不择手段，几乎把所有的开国功臣杀尽，朝中几乎没有能够辅佐得力的文臣和能征惯战的武将了。天下似乎一片太平。朱元璋死后，皇长孙朱允炆即位，建文帝朱允着手削藩以加强忠言集权，燕王朱棣起兵造反，一路杀往南京，而建文帝竟无法找出可以抵挡反兵的将领。等南京失守，皇宫一片火海，建文帝也不知所踪。

朱元璋自以为高明的"削棘"策略，不但没能保住太平，反而失去了江山稳固的有力保障，不能不说是一大失误。做人不妨老实些，打击对手也应留点余地，因为生活往往会向出人意料的方向发展。很多时候你会发现，原来很多对立的因素也会成为你生活事业的助推器。

第四章

改变命运的金石良药

治愈怯懦的良方

现实生活中，能够真正做到敢于冒险和勇于挑战的人还是少数，许多人面对自己的机会总是战战兢兢，恐惧失败。其生性怯懦，对于这些人，要想成功，首先要做的就是战胜恐惧、祛除怯懦！

当你去做一件事情的时候，如果你畏缩不前，战战兢兢，比如，你去推销一种产品，当顾客来的时候，你却不知道向他介绍这种产品的好处，甚至也不知道让顾客全面地了解这种产品，这样的话，你怎么把产品推销给他？他怎么会来买你的产品？

即便你还在学生时代，这种怯懦的心理，也会使你的成绩踏步不前。试想，当学习上遇到难题的时候，是不是自己刻苦摸索问题的答案？假如你无法解答这个问题呢？这个时候，你是不是该去请教老师或别的同学了？但如果这个时候你深怀怯懦，不敢去问别人，解决不了那个问题，你的学习成绩当然提高不了。

从政的人尤其不能怯懦。对于他们来说，上台演讲、在会议上发言，是三天两头会发生的事。但如果是一个怯懦的人，不敢上台演讲，也不敢在会议上发言，那他怎么从政？

怯懦者害怕面对冲突，害怕别人不高兴，害怕别人发脾气，害怕自己丢面子。所以在择业时，因怯懦，他们常常退缩三尺，缩手缩脚，不敢自荐。在用人单位面前他们唯唯诺诺，不是语无伦次，就是面红耳赤、张口结舌。他们谨小慎微，生怕说错话，害怕回答不好问题而影响自己在用人单位代表心目中的形象。在公平的竞争机遇面前，由于怯懦，他们常常不能充分发挥自己的才能，以至于败下阵来，错失良机，于是产生悲观失望的情绪，导致自我评价和自信心的下降。

所以，怯懦心理是阻碍人成功的一块绊脚石。

那么，怯懦心理是怎么回事呢？

美国心理学家麦迪逊在他的名著《心理疾病》中说："病态心理中，最隐秘而又最严重的是怯懦心理。"他说："怯懦有许多层次，自下至上，越来越严重。它的层次依次是：失惊、恐怖、震骇等活跃情态，到惶恐、不安等沉静情态。"另一个著名的心理学家奥威尔在说到怯懦的来源时说："怯懦来源于不自信，深深的不自信。"

在我们生活的周围，常常有怯懦的人，他们庸庸碌碌、忍辱负重地生活着，不敢抱怨，不敢抬头做人。

我们要在生活中鼓起成功所需的胆魄和勇气，那么，怎样才能战胜怯懦呢？

1. 以行动克服怯懦

并非所有的穷人都怯懦，但怯懦的大多是穷人。人之所以谓之"穷"，一个很重要的标准就是没有钱，没有钱就没有资本，没有资本就会缺乏自信，缺乏自信的穷人便是怯懦的穷人。富人走起路来腰板是直的，因为有钱袋撑着；穷人走起路来腰是弯的，因为钱袋是空的。富人说话是理直气壮的，即使理不直，气仍然壮；而穷人则是气声虚弱，即使有气也不敢喘，他怕吓着人，怪罪不起。富人做起事有声有色，轰轰烈烈；穷人做起事来畏首畏尾，缩头缩脑，生怕做错了赔不起。穷人由于穷而怯懦，由于怯懦而变得更穷。

美国的克里蒙·斯通在童年时家里很穷，他与母亲两人相依为命。小斯通10多岁时，为保险公司推销保险是母子俩的职业。斯通始终清醒地记得他第一次推销保险时的情形——他的母亲指导他去一栋大楼，从头到尾向他交代了一遍。但是他犯怵了。

他站在那栋大楼外的人行道上，一面发抖，一面默默念着自己信奉的座右铭："如果你做了，没有损失，还可能有大收获，那就下手去做。""马上就做！"

于是他做了。

他走进大楼，他很害怕会被踢出来。

但他没有被踢出来，每一间办公室，他都去了。他脑海里一直想着那句话："马上就做！"走出一间办公室，更担心到下一间会碰到钉子。不过，他还是毫不犹豫地强迫自己走进下一间办公室。

这次推销成功，他找到了一个秘诀，那就是：立刻冲进下一间办公室，这样才没有时间感到害怕而犹豫。

那天，只有两个人向他买了保险。以推销数量来说，他是失败的，但在了解自己和推销术方面，他的收获是不小的。

第二天，他卖出了4份保险。第三天，6份。他的事业开始了。

怯懦，是穷人的劲敌，少一份怯懦，就会多一份前程。而消除怯懦的唯一办法就是行动、行动、再行动。

2. 接受心理治疗

32岁的美国陆军上士波加尼虽然远离了伊拉克战场的危险，却面临在战场上表现怯懦的指控。在科罗拉多州卡森堡基地内，有着5年军龄的波加尼等待着定于当地时间7日举行听证会，确定是否有足够证据把波加尼送上军事法庭。

按照波加尼自己的说法，他在伊拉克并没有表现出怯懦。今年9月26日他随一支"绿色贝雷帽"突击队前往伊拉克。第三天，波加尼在巴格达以北城市萨迈拉附近的一座美军营地内，看到其他美军士兵带来一具只剩下半截身体的伊拉克武装人员尸首。波加尼说，他开始颤抖，无法集中精力，而且呕吐，难以入睡，同时也为自己的安全担忧。他向上司报告说，自己可能患上了恐惧症或者神经衰弱症。随后，至少一名军官提醒他考虑接受心理治疗对于自己军旅生涯会产生的后果。

一名心理学军医随后对他进行了检查，断定他出现的症状是对紧张战争环境做出的正常反应，继而建议上司给他一小段时间休息，再考虑重新安排他的工作。

这是心理学家开具的药方：

(1) 和别人说话时，声音一定要响亮，不要管别人怎么样看待。而当别人和你一样响亮时，你偏偏又压低声音，低得很难让别人听到。这样，为了听清你的说话，别人就得对你"俯首帖耳"。这样一来，别人会慢慢地重视你的说话了。

(2) 在和别人交流之前，你的神态应该是严峻的、有力的，仿佛他有愧于你，仿佛怯懦的人是他，而不是你。这样，久而久之，他就真的把你当成强有力的人，而尊重你了。

（3）在和别人谈话或其他方式交流时，不要让眼睛闪来闪去，不要旁顾，而是紧盯着他，和他斗眼，勇敢一些，他斗不过你，他就输了，他就会在你面前低下头去。

（4）在和别人交谈的时候，要适时地沉默。特别要在滔滔不绝地说话的时候，来个突然刹车，也就是突然沉默，这样，别人会被你的沉默所震慑，而以为你的谈话很重要，有深奥内容，于是就不敢小瞧你。

（5）在和别人交流之前，先要知彼知己，先要知道对方是什么来头，是什么性格。知道之后，对症下药。

打消依赖心理，让自己独立起来

依赖别人会使一个人失去精神生活的独立自主性。依赖的人不能独立思考，缺乏创业的勇气，肯定性较差，常会陷入犹疑不决的困境，他们永远需要别人的鼓励和支持，需要借助别人的判断去做事。依赖者还会表现出剥削的性格倾向——好吃懒做，坐享其成。

依赖者有一些特有的症状，他们缺乏社会安全感，跟别人保持距离。他们需要别人提供意见，或依赖媒体的报道，经常受外界影响，自己好像没有判断能力。他们潜藏着脆弱，没有发展出机智应变的能力，极易失业。

人们经常持有的一个最大谬见，就是以为他们永远会从别人不断的帮助中获益，却不知一味地依赖他人只会导致懦弱。如果一个人太依赖他人，就将永远坚强不起来，也不会有独创力。

坐在健身房里让别人替我们练习，是永远无法增强自己的肌肉力量的；越俎代庖地给孩子们创造一个优越的环境，好让他们不必去艰苦奋斗，也永远无法让他们独立自主，成为一个真正的强者。

依赖他人，觉得总是会有人为我们做任何事所以不必努力，这种想法对发挥自强自立和艰苦奋斗精神是致命的障碍！依赖别人，自己的命运便是掌握在他人的手里！试想，一个身强体壮、背阔腰圆，重达近70千克的年轻人竟然两手插在口袋里等着帮助，无疑是世上最令人恶心的一幕。

一家大公司的老板说，他准备让自己的儿子先到另一家企业里工作，让他在那里锻炼锻炼，吃吃苦头。他不想让儿子一开始就和自己在一起，因为他担心儿子会总是依赖他，指望他的帮助。在父亲的溺爱和庇护下，想什么时候来就什么时候来，想什么时候走就什么时候走的孩子很少会有出息。只有自立精神能给人以力量与自信，只有依靠自己才能培养成就感和做事能力。

人要靠自己活着，而且必须靠自己活着。在人生的不同阶段，要尽力达到理应达到的自立水平，拥有与之相适应的自立精神。这是当代人立足社会的根本基础，也是形成自身"生存支援系统"的基石。因为缺乏独立自主个性和自立能力的人，连自己都管不了，还能谈发展成功吗？即使你的家庭环境所提供的"先赋地位"是处于天堂云乡，你也必须先降到凡尘大地，从头爬起，以平生之力练就自立自行的能力。因为不管怎样，你终将独自阅历社会，参与竞争，你会遭遇到远比家庭生活要复杂得多的生存环境，随时都可能出现你无法预料的难题与处境。你不可能随时动用你的"生存支援系统"，而是必须得靠顽强的自立精神克服困难，坚持前进！依赖别人，成年之后就轻而易举地转移到生活的各个方面，其危害性就非同小可了。依赖心理的表现是多种多样的。诸如，想办一件事不敢独立去做，总是想跟他人一块去做，遇事没有主见，总是等待别人做出决定；不相信自己，不敢讲出自己的见解，怕得不到人们的认可；对领导唯命是从，让干啥就干啥，只求生活平稳，少烦恼，等等。

就其本质来看，依赖心理是一种懒惰的心理表现，事事、处处依赖别人，自己从不动脑筋，费精力。不管别人的事，甚至连自己的事也不肯承担责任。至于在婚姻家庭生活中，这种依赖明显地表现为夫妻间依赖和子女对父母的依赖。如有的家庭男人处于绝对的"统治"地位，说一不二，使得妻子唯唯诺诺，大气都不敢出，这样做的结果是妻子完全处于依赖状态，对什么事也不再动脑筋。有的家庭对孩子管得过严，包得过宽，使孩子衣来伸手，饭来张口，什么事都不用他操心，想要什么父母都给办到。久而久之，孩子什么事都不再操心，同时也淡化了奋发意识和进取精神。

从心理学角度看，依赖心理是一种习以为常的生活选择。当你选择依赖时，你就会丧失独立的人格，变得脆弱、无主见，成为被别人主宰和驱使的可怜虫。

然而，依赖心理也并非是一种顽症，是可以逐步克服的。树立独立的人格，培养独立的生存能力，是克服依赖心理的首选目标。

树立独立的人格，培养自主的行为习惯。一切自己动手，自然就与依赖无缘了。对于已经养成依赖心理的人来说，那就要用坚强的意志来约束自己，无论做什么事都有意识地不依赖父母或其他的人，同时自己要开动脑筋，把要做的事的得失利弊考虑清楚，心里就有了处理事情的主心骨，也就敢于独立处理事情了。

树立人生的使命感和责任感。一些没有使命感和责任感的人，生活懒散，消极被动，常常跌入依赖的泥坑。而具有使命感和责任感的人，都有一种实现抱负的雄心壮志。他们要求自己严格，做事认真，不敷衍了事、马虎草率，具有一种主人翁的精神。这种精神是与依赖心理相悖逆的。选择了这种精神，你就选择了自我的主体意识，就会因依赖他人而感到羞耻。

单独地或与不熟悉的人办一些事或做短期外出旅游。这样做的目的，是为了锻炼独立处事能力。自己单独地办一件事，完全不依赖别人，无论办成或办不成，对你都是一种人格的锻炼。与不熟悉的人外出旅游，是由于不熟悉，出于自尊心和虚荣心，你不会依赖他人，事事都得自己筹划，这无形之中就抑制了你的依赖心理，促使你选择自力更生，有利于培养你独立的人生品格。

1. 摆脱过分依赖

潘振宁曾是下岗职工，相对别的同样遭遇的人来讲是最幸运的。他工作的原单位倒闭之后，他因为技术过硬，性格稳重，为人诚实，而被其朋友邀请加盟到其私营公司里任技术总监，报酬十分优厚，在许多人看来，他无疑是因祸得福了。

然而，潘振宁的烦恼也因此滚滚而来，他以前像一颗螺丝钉，拧在工作岗位上，只要做好本职工作便可。而今，他是"众人之上，一人之下"，很多问题需要他在朋友不在的时候拿主意。他对此深感苦恼，因为多年来他已习惯了服从上级下达的命令，如今让他对某一问题负责，独立做出决定、提出方案时，他就紧张不安。"我发觉自己在独立处理问题时缺乏想象力、判断力。多年来我习惯于附和领导的意思，全力落实领导的命令，现在，觉得自己特无能。干不好吧，对不起朋友；想干好吧，又实在懵头。"

潘振宁把自己的问题归因于习惯了执行上级的命令，个人缺乏"创造性思考"的能力。

事实上这只是其中的原因之一，还有另外的原因，就是他过分地依赖别人。可见，要摆脱过分依赖，就必须培养性格的独立性。

性格的独立性，是对人们在智力活动和实际活动中独立自主地发现问题和解决问题的水平而言的。具有独立性格的人，遇事总喜欢自己动手，自己思考，能够标新立异，自圆其说，对传统的习惯、陈腐的观念采取怀疑和批判的态度；而具有依赖性的人，则总是循规蹈矩，人云亦云，缺乏主见。在性格品质体系中，对创新影响力最大的，便是独立性。

具有独立性格的人，必然也具有创新意识。他们重视书本，但不迷信书本；尊重权威，但不迷信权威。他能在掌握已有的经验基础上，标新立异，独当一面。

而那些缺乏独立性的依赖者，都缺乏自信，极少冒险，不肯探索，也不喜欢变更与反馈，他们在简单的工作中或许表现还可以，但是，他们是永远不可能获得高峰体验的，更体会不到巨大成功的喜悦。汉字激光照排技术的开创者王选院士曾说："在科学上要有所成就，就绝不能总跟在别人后面，而要处处争取领先。"

事实上，心理学家指出，由于人自身的惰性和不自信在作怪，每个人都有某种程度上的依赖心理以及附和倾向，而这是发挥创造力的最大障碍，所以，如果不甘于平平庸庸，碌碌无为，那么，你就要努力去抑制自己的依赖心理，而去培养独立的性格。

培养独立性，其实就是"自己能做的事自己做"和"独立思考"。有许多人并不真正了解自己能做什么，对于自身的潜能一无所知，于是，在困难面前不知所措，要么畏缩不前，要么寻求"外援"。克服依赖性、培养独立性至关重要，要从现在做起，争取全面地认识自己，更好地做自己能做的事。有一些方法供读者借鉴：

(1) 从身边小事做起，磨炼自己的意志。生活中要求自己独立处理日常事务，安排自己的生活。

(2) 勇于尝试，发掘自身的潜能。制订计划，每周做几件以前想做但由于各种原因而没有做的事，如骑车郊游，应聘某一职务等。

(3) 定期反思自己，学会独立思考。一段时间的忙碌之后，静下心来，审视自己近期的言行，参照过去加以评判，考虑一下今后一段时间的生活。

(4) 逐步决定自己的事，检查培养效果。慢慢学会独立处理与自己关系重大的事，并以自己日常生活中处理问题的能力来评判自己独立性发展的状况。

提倡独立性并不否定生活、工作中的合作精神，相反，现实中我们应力争充分利用集体的力量。"三个臭皮匠，顶个诸葛亮"，只有更好地借鉴他人的经验，我们才有可能在今后的人生路上取得更好的成绩。培养独立性的实质在于，从日常生活的点滴小事中磨炼独立思考的能力，而不只是随大流，盲目地跟着别人走，这种盲从常常导致我们个性的丧失。

2．消除依赖心理的具体方式

(1) 制定一份"自我独立宣言"，并向他人宣告，你渴望在与他人的交往中独立行事，彻底消除任何人的支配（但不排除必要的妥协）。

(2) 与你所依赖的人谈话，告诉他们你为何要独立行事，并明确说出你出于义务而行事时自己的感受。这是着手消除依赖性的有效方法，因为其他人可能甚至还不知道你处于服从地位的感受如何。

(3) 提出有效生活的 5 分钟目标，确定如何在这段时间内同支配你的人打交道。当你不愿违心行事时，不妨回答说"不，我不想这样做"，然后看看对方对你的这一答复的反应。

(4) 当你有足够的自信心时，同支配你的人推心置腹地谈一谈，然后告诉他，你以后愿意通过某个手势来向他表明你的这种感觉，比如说，你可以摸摸耳朵或歪歪嘴。

(5) 当你感到在心理上受人左右时，告诉那人你的感觉，然后争取根据自己的意愿去行事。

请记住：你的父母、爱人、朋友、上级、孩子或其他人常常会不赞同你的某些行为，但这丝毫不影响你的价值。不论在何种情况下，你总会引起某些人的不满，这是生活的现实性，你如果有思想准备，便不会因此而忧虑不安或不知所措，便可以挣脱在情感上束缚你的那些依赖枷锁。

(6) 如果你为支配者 (父母、爱人、上级或孩子) 陷入惰性，那么即便有意回避他们，也还会无形中受人支配。

(7) 如果你觉得出于义务而不得不去看望某个人，问问你自己：别人若处于某种心理状态，你是否愿意让别人来看望你。如果你不愿意，那就应该"己所不欲，勿施于人"。找这些人去谈谈，让他们认识到仅仅出于义务的交往是有损于人的尊严的。

(8) 坚持不带任何条件的经济独立，不向任何人报账。你如果得向别人要钱花，便会成为他的奴隶。

(9) 不要继续发号施令，控制别人；不要继续受制于人，唯命是从。

(10) 承认自己有保持私密的愿望，不必把自己的所有想法和经历都告诉某人。你是独特而与众不同的，应该有自己的秘密，如果事事都要告诉别人，那你便没有选择可言，当然也就成了不独立的人。

(11) 在晚会上，不要老是陪伴着你的伙伴，不要出于义务而一直陪着他。两个人分开去找别人谈谈，晚会结束之后再聚到一起。这样，你们会成倍地扩大自己的知识和见闻。

(12) 记住：你没有让别人高兴的义务。你可以在与别人的相处中得到真正的乐趣，但如果感到有义务让别人高兴，那你就失去了独立性，就会因别人不高兴而愁眉苦脸；更糟糕的是，你会以为是你使他不高兴的。你应该对自己的情感负责，在这一点上人人如此，毫无例外。除了你自己以外，谁也不能控制你的情感。

(13) 不要忘记：习惯并不是做任何事情的理由。不错，你以前一直服从别人，但不能因此再继续受人支配。

卡耐基说："真正生活的实质在于独立。"因此，幸福的朋友关系是最低程度的融合加上最高程度的自制与独立。或许你非常害怕冲出依赖关系，但如果问问你在精神上依赖的那些人，就会惊奇地发现，他们最钦佩的，正是那些敢于独立思考、独立行事的人。

蹚过忧虑这条河

几乎每个人每天都要花费大量的时间为未来而担忧。他们为自己、家人和社会的未来而忧：他们担心自己的身体会出现大毛病；他们害怕别人与自己中断关系；他们担心自己所处的社会变得一团糟……我们不能说他们完全是"杞人忧天"，至少这也是一种与内疚悔恨一样毫无益处的行为。所有这些都导致了我们人生的一次次挫折和失败，有时，忧虑成了我们最大的拦路虎。

与内疚悔恨一样，忧虑也是我们生活中常见的一种最消极而毫无益处的情绪，它们都是精神抑郁的最常见形式，是一种极大的精力浪费。当你悔恨时，你会沉湎于过去，由于自己的某种言行而感到沮丧或不快，在回忆往事中消磨掉自己现在的时光。当你产生忧虑时，你会利用宝贵的时间，无休止地考虑将来的事情。对我们每个人来讲，无论是沉湎过去，还是忧虑未来，其实都是在浪费目前的时光。

细细分析这两个人生的误区可以发现它们存在着一些相似与关联之处：内疚悔恨意味着你生活在现时中，由于过去的某些行为而使你产生惰性；而忧虑则是你在现时情况下因将来的某件事而陷入惰性，而你所忧虑的事情往往是自己无法左右的。虽然前者针对过去，后者针对未来，但它们对现时的你都产生同样的效果——让你烦恼并产生惰性。

在我们的生活中，内疚悔恨与忧虑的例子比比皆是，而且几乎人人都不例外。许多人要么为自己不应做的事情而自悔自恨，要么为可能发生的事情而忧心忡忡。这时，你也许会想："我不也是这种人吗？"如果你的大脑里存着大片的"悔恨与忧虑区域"，就必须予以清扫和消毒，消灭那些侵蚀着你生活各个方面的"悔"和"忧"的蛀虫。

忧虑是因为将来的某件事而在现时中产生惰性。但请记住一点，世上没有任何事情是值得忧虑的，绝对没有！你可以让自己的一生在对未来的忧虑中度过，然而无论你多么忧虑，甚至抑郁而死，你也无法改变自己的现实。还有一点，我们不能将忧虑与计划安排混为一谈，虽然二者都是对未来的一种考虑。如果你是在制定未来的计划，这将更有助于你现时中的活动，你会对未来有自己的具体想法与行动计划。而忧虑只是因今后的事情而产生惰性。当我们审视这种通病普遍存在的原因之时，会很容易地发现：忧虑同悔恨一样，也是我们社会所鼓励与赞赏的一种心理。

既然忧虑有这么多的消极作用，那你就必须消除这一误区。其实，对一般人来讲，他们所忧虑的往往是自己无能为力的事情。无论是战争、经济萧条还是生理疾病，不可能因为我们一产生忧虑就自行好转或消除，作为一个普通的人，你是难以左右这些事情的。然而，在大多数情况下，你所担忧的事情往往不如你所想象的那么可怕和严重，也许想想办法，或者变换一下环境，某些担忧就会变得毫无必要了。

凯瑟女士的脾气很坏，很急躁，总是生活在非常紧张的情绪之中。每个礼拜，她要从在圣马特奥的家乘公共汽车到旧金山去买东西。可是在买东西的时候，她也愁得要命——也许自己的丈夫又把电熨斗放在熨衣板上了；也许房子烧起来了；也许她的女佣人跑了，丢下了孩子们；也许孩子们骑着他们的自行车出去，被汽车撞了。她买东西的时候，常常会因发愁而冷汗直冒，然后冲出店去，搭上公共汽车回家，看看是不是一切都很好。她的丈夫也因受不了她的坏脾气而与她离了婚，但她仍然每天感到很紧张。

凯瑟的第二任丈夫杰克是个律师——一个很平静、事事能够加以分析的人，从来没有为任何事情忧虑过。

杰克充分利用概率法则来引导凯瑟消除紧张。每次凯瑟神情紧张或焦虑的时候，他就会对她说："不要慌，让我们好好地想一想……你真正担心的到底是什么呢？让我们看一看事情发生的概率，看看这种事情是不是有可能会发生。"

有一次，他们去一个农场度假，途中经过一条土路，碰到了一场很可怕的暴风雨。汽车一直往下滑，没办法控制，凯瑟紧张地想他们一定会滑到路边的沟里去，可是杰克一直不停地对凯瑟说："我现在开得很慢，不会出什么事的。即使汽车滑进了沟里，根据平均率，我们也不会受伤。"他的镇定使凯瑟平静下来。

有一年夏天，他们到加拿大的洛基山区的图坎山谷去露营。有天晚上，他们的营帐扎在海拔2100米高的地方，突然遇到暴风雨，好像要把他们的帐篷撕成碎片。帐篷是用绳子绑在一个木制的平台上的，帐篷在风里抖着，摇着，发出尖厉的声音。凯瑟每一分钟都在想：我们的帐篷会被吹垮了，吹到天上去。凯瑟当时真吓坏了，可是杰克不停地说着："我说，亲爱的，我们有好几个印第安向导，这些人对一切都知道得很清楚。他们在这些山地里扎营都60年了，这个营帐在这里也很多年了，到现在还没有被吹掉。根据发生的概率看来，今天晚上也不会被吹掉。即使被吹掉，我们也可以躲到另外一个营帐里去，所以不要紧张。"凯瑟放松了心情，而且后半夜睡得非常熟。

美国海军也常用概率统计的数字来鼓舞士气。一个以前当海军的人告诉别人，当他和他船上的伙伴被派到一艘油轮上的时候，都吓坏了。这艘油轮运的都是高辛烷汽油，因此他们都相信，要是这艘油轮被鱼雷击中，就会爆炸，并把每个人都送上西天。

美国海军总部发布了一些十分精确的统计数字，指出被鱼雷击中的100艘油轮里，有60艘并没有沉到海里去，而真正沉下去的40艘里，只有5艘是在不到5分钟的时间沉没。那就是说，有足够的时间让你跳下船。住在明尼苏达州圣保罗市的克莱德·马斯——也就是讲这个故事的人说："知道了这些概率数字之后，我的忧虑一扫而光。船上的人都觉得好多了，我们知道我们有的是机会，根据概率数字来看，我们可能不会死在这里。"

"根据概率，这种事情不会发生。"这句话通常能摧毁你90%的忧虑，使你在未来的生活中过得不错。

克服自卑，正确认识自己

自卑的人并不是自己想自卑，而是因为他们缺乏内心安全感。他们总是特别"善于"发现自己的缺陷、短处和生活中不利于自己的方面，然后把它们放到放大镜下去看，结果是吓坏了自己——既然自己是如此糟糕，怎么能去和别人比，和别人竞争呢？

1951年，英国有一位名叫弗兰克的人，从自己拍得极好的DNA(脱氧核糖核酸)的X射线衍射照片上发现了DNA的螺旋结构之后，想就这一发现做了一次演讲。然而由于生性自卑，又怀疑自己的假说是错误的，从而放弃了这个假说，1953年在弗兰克之后，科学家沃森和克里克，也从照片上发现了DNA的分子结构，提出了DNA双螺旋结构的假说，二人因此而获得了1962年度诺贝尔医学奖。

如果弗兰克不自卑，而是坚信自己的假说，进一步进行深入研究，这个伟大的发现或许会以他的名字载入史册。一个人如果做了自卑情绪的俘虏，是很难有所作为的。

自卑是自信的天敌，自卑是人生的陷阱。

自卑是人生最大的跨栏，每个人都必须成功跨越自卑才能到达人生的巅峰。

自卑的人总是无心无力做一件有挑战性的事，他们常用的借口是："唉，我能力太差！"这种人无法始终摆脱自卑的"纠缠"，也根本无法达成自己的理想。而那些成大事者，首先要做的一项工作就是拒绝自卑的纠缠。

有句话说："天下无人不自卑。无论圣人贤士，富豪王者，抑或贫农寒士，凡夫走卒，在孩提时代的潜意识里，都是充满自卑的。"但你若想成大事，就必须战胜自卑感。

产生自卑的两种原因，一是孩提时代，都有自己是"弱小"的感受；二是社会对一些人和事有一种过于完美的追求倾向，使很多人都有一种自愧不如的自卑感觉。

还有一些实际产生自卑的原因，如从小家境不好，教育不当，或是受压抑，身心不畅，或是受蒙昧，身心未得到开发，很少有条件和机会培养自信心，以致后来在人生道路上遭受挫折和失败的打击过多，感到自我的渺小和无奈因而怀疑自己的力量，产生自卑感。

一个人自卑的特点是感觉自己不如人，低人一等，轻视怀疑自己的力量和能力，而这正是成大事者最蔑视的！那么如何在成大事的过程中，拒绝自卑的纠缠呢？

　　自卑作为一种消极的心理状态，人人都或多或少有些。轻微的自卑心理很容易超越，它可以很容易地升华为人的一种良好品格：谦虚谨慎，不骄不躁，从而转化为一种进取的动力。

　　但能做到这点的人不多，大多数自卑者都碌碌无为。自卑心理重者更是如此。

　　自卑心理较重的人，大致有3条出路：

　　一是消极认命，让自卑的感觉化为现实，承认并接受自己的确不如别人，相信自己没有能力。持这种消极态度的人，容易放弃个人的努力与奋斗，听任命运的摆布，以各种借口自欺欺人，为自己的失败辩护。生活中不乏这样的失败者。

　　二是自暴自弃，走向侵犯他人、危害社会的犯罪道路，这种人看不到一点光明前途，铤而走险，以错误的方式去补偿自己的自卑心理。这种与他人为敌的反社会行为最终必以更大的失败而收场，许多罪犯都是自卑心理很重而选错道路的。

　　三是发愤图强，超越自卑。承认自卑的感觉，绝不让这种感觉成为控制自己的事实，与其为自卑而悲观丧气，庸碌一生，不如变自卑的弱点为奋斗的力量，扼住命运的咽喉，拼搏一生，争取成功。一旦有几个小成功的记录，则自卑就被逐渐超越，自信就会建立起来。持这种态度的人，不管原来多么自卑，必将赢得成功，赢得一个光明的前途。

　　第三条出路是最佳选择。这是一条从自卑到自信，从失败到成功，从渺小到伟大的光辉灿烂之路。这条路人人都可以走，只要你相信自己并愿意改变自己，那么，你就能走上一条成功大道。

　　世界上许多杰出的成功人物，走的就是这条超越自卑的路。事实上，自卑的超越与需要动力的升华对从挫折、自卑到成功的卓越者来说，是互相关联、互相依存的。

　　从自卑中超越出来走向成功的例子，在世界知名人物中比比皆是：法国伟大的启蒙思想家、文学家卢梭，曾为自己出身孤儿，从小流落街头而自卑；存在主义大师、作家萨特，两岁丧父，左眼斜视，右眼失明，失去亲情与身体的失陷使他产生极重的自卑；法兰西第一帝国皇帝、政治家、军事家拿破仑年轻时曾为自己的矮小和家庭贫困而自卑；美国英雄总统林肯出身农庄，9岁丧母，只受一年学校教育就下田劳动，林肯曾深深为自己的身世而自卑；日本著名企业家松下幸之助，4岁家败，9岁辍学谋生，11岁亡父，自卑一直是他奋进的动力。

获诺贝尔化学奖的法国科学家维克多·格林尼亚却是从另一种自卑走向成功的。格林尼亚出生于一个百万富翁之家，从小过着优裕的生活，养成了游手好闲，摆阔逞强，盛气凌人的浪荡公子恶习。仗着自己长相英俊，挥金如土，可以任意地玩弄女人。但是一直春风得意的格林尼亚却遭到了一次重大打击。一次午宴上，他对一位从巴黎来的美貌女伯爵一见倾心，像见了其他漂亮女人一样追上前去。此时，他只听到一句冷冰冰的话："……请站远一点，我最讨厌被花花公子挡住视线！"女伯爵的冷漠和讥讽，第一次使他在众人面前羞愧难当。突然间，他发现自己是那样渺小，那样被人厌弃，一种油然而生的自卑感使他感到无地自容。

他满含耻辱地离开了家庭，只身来到里昂，在那里他隐姓埋名，发愤求学，进入里昂大学插班就读，并断绝一切社交活动，整天泡在图书馆和实验室里。这样的钻研精神赢得了有机化学权威菲利普·巴尔教授的器重。在名师的指点和他自己长期努力下，他发明了"格式试剂"，发表了200多篇学术论文，被瑞典皇家科学院授予1912年度诺贝尔化学奖。

受自卑心理折磨的朋友，请你好好想想上面这些杰出人物的例子。诸如此类的例子还很多。自卑如能被超越，便成了我们成功的本钱。

只要改变我们的心态，将自卑变为发奋的动力，我们就能走向成功和卓越。

1.培养自信，别看低了自己

生活中，许多人喜欢追求完美，但真正的完美没有几个人能追求到，于是就有了遗憾，有了痛苦，有了失落感。其实这大可不必，因为生活本来就没有绝对的完美，只有正确地评价自己，看到自己的优点和长处，你才能够拥有不断进取的勇气和力量。

在一次演讲比赛上，有位女同学向老师抱怨自己的演讲没有达到自己预期的效果。她说当她站起来演讲时，立刻意识到自己笨拙、胆怯的表现，而班上的其他学员似乎都显得泰然自若，很有信心。她一想到自己的种种缺点，便失去了勇气，无法再讲下去了。她还详细地分析了自己的弱点，以求解决的办法。

等她讲完后，老师告诉她，别总想着自己的弱点，并不是缺点使自己讲得不够好，而是自己没有把长处发挥出来。

的确，并不是缺点使人们的演讲、艺术作品或个性显得失败。狄更斯的小说里有不少过度矫情的地方；莎士比亚的戏剧里也有许多历史和地理上的错误。但人们读他们的作品时，没人会注意这些缺点，这些作品之所以还会闪耀着不朽的光辉，是因为它们的优点十分显著，以至连缺点都变得不重要了。人们爱自己的朋友，是因为他们的种种优点，而不是缺点。

把注意力放在自身的优良品质上，培养优点，克服弱点，认识到你的一生都是在前进，在开发自我。有了这种认识，然后加以坚持不懈地努力，这样才能不断进步，并自我实践。

遗憾的是，生活中总有些消极的情绪影响我们做出正确的自我评价。精神病理学家巴纳德·赫兰博士曾对那些少年犯做过如下评述："初见他们时常给人以独立心极强的印象，富于反抗，对父母、教师、警察等象征某种权利的人怀有嫌恶感，并对一切都表示不满和不服。然而在他们过度防御的坚实盔甲下面隐藏的却是一颗极其柔弱易碎的心灵。实际上他们在任何时候都希望依赖某个人。"

当我们犯下一些错误或是失去生活中的某种机会时，总是习惯于向别人抱怨。要知道，这种向别人诉说你不喜欢自己的地方，只能是加强你对自己的不满，因为别人对此几乎总是无能为力的，至多只能加以否认，可你又不会相信他们的话。向别人抱怨是无济于事的，只有自己给予自己一个积极而且比较客观的评价，才有利于你的进步。

有了对自己的正确评价，你就会懂得真正的自我并不在于形式的表现，而是一种内心的强大力量。诺贝尔和平奖获得者鲍尔奇曾经受托为一个晚宴确定宾客座次，要使所有有身份的人都感到满意，这件事确实会令人为难，即使对一个专业的礼仪公司来讲也不大好办。而鲍尔奇运用自己独特的办法去做这件事。在宴会前，他告诉大家，请宾客自便，喜欢坐在哪儿就坐在哪儿，他说："真正重要的人都是不在乎别人怎么看待自己的人，而在乎的人都是不重要的。"

我们应该承认这样一个事实："人是具有个性的存在"，此外我们还可以这样理解："世界上的任何人，都应该享有发挥自己才能的平等权利。"

在莎士比亚的《哈姆雷特》中，宰相波洛涅斯这样说："最最重要的是忠于你自己。你只要遵守这一条，剩下的就是等待黑夜与白昼的交替，万物自然地流逝。倘若果真有必要忠于他人，也不过是不得不那样去做。"

2．其他克服自卑、培养自信的技巧

(1) 正确认识自卑感的利与弊，提高克服自卑感的自信心。有的人把自卑心理看作是一种有弊无利的不治之症，因而感到悲观绝望，自暴自弃。这是一种不正确的认识，它不仅不利于自卑者的前途，反而会加重自卑心理。其实，比起狂妄自大的人来说，自卑者更加讨人喜欢。因为，自卑的人都很谦虚，善于体谅人，不会与人争名夺利。安分随和，善于思考，做事小心谨慎，稳妥细致，重感情，重友谊。自卑者应当充分利用这一有利条件置，增加生活勇气和信心。还应认识到，你若克服了心理上的这种障碍，将更有前途。

(2) 正确地评价自己。不仅要看到自己的短处，也要客观地看到自己的长处；既要看到自己的不如人之处，也要看到自己的过人之处。俗话说："比上不足，比下有余。"谁都有缺点和不足，只要能够想方设法克服缺点和不足就行。这样就会增强自信心，减轻心理压力，扔掉包袱，轻装前进。

(3) 正确地表现自己。有自卑感的人不妨多做一些力所能及、把握较大的事情，并竭尽全力争取成功。成功后，及时鼓励自己："别人能做到的事，我也做到了！"当面对某种情况感到信心不足时，可以用"豁出去"的自我暗示放松心理压力，反倒能够充分发挥自己的潜力，获得成功。

(4) 正确地补偿自己。为了克服自卑感，可采取两种积极的补偿途径。一是以勤补拙。知道自己在某些方面赶不上别人，就不要再背思想包袱，而应以最大的决心和顽强的毅力，勤奋努力，多下功夫，下苦功夫。二是扬长避短。有些残疾人虽然生理上缺陷很大，又失去了自由活动和交际的空间，似乎发展的空间极为有限。但有志者事竟成，高位瘫痪的张海迪的成功之路就是一个很好的例证。她身残志不残，酷爱音乐、医学、文学，以十倍于常人的毅力在几方面都有所建树。

(5) 要正确对待挫折。遭受挫折和打击，这是人人难免的。但人的承受能力不同。性格外向的人过后就忘，内向的人容易陷入其中。那么就应当注意，凡事不要期望过高，要善于自我满足，知足常乐。无论学习或工作，目标不要定得太死太高，不然就容易受挫。

与虚荣心做斗争

爱慕虚荣不仅会使人遭受生活的磨难，还可能让你丧失一生的幸福。

钱德勒先生是一位普通的公司职员，收入微薄，但他幻想着自己能成为上流社会中的一员，并对他们的生活方式羡慕不已。尽管工资少得可怜，他仍然节衣缩食，每6周攒够一笔钱，去名流出入的高级场所体会一下做个有地位的人的感受。回到公司后继续工作攒钱，并期待着下一个6周之后……一天，他扶起了一位不慎摔倒的小姐，二人产生了好感。但在交往过程中，钱德勒以"受过良好教育，谈吐优雅"的人士自居，吹嘘自己如何每日忙于应酬，与某些名人过往甚密。而这位小姐其实是个富家女，但她鄙视那种不劳而获，吃喝玩乐的贵族生活，宁愿找一个出身平凡，但有雄心壮志的男子为伴，去开创属于自己的生活。钱德勒本来十分符合她的择偶标准，但他放不下面子，不愿承认自己的真实身份，以致错过了这份美好的爱情。

放下面子才能活出真我，才能让自己活得轻松。

某名牌大学毕业的一名大学生，原本可以做一名公务员，尽管收入一般，但工作轻闲，又很体面，是在一般人眼里求之不得的好工作。但他不愿意过那种成天喝茶看报、无所事事的无聊日子，选择了辞职，当起了修鞋匠。很多人不理解，觉得他实在是脑子有病。他却不以为然："那是为别人工作，我要为自己而工作。"全然不去理会旁人的指指点点和风言风语，凭借着精湛的技术和热情服务的精神，生意越做越大，后来自己成立了一个大型鞋业公司，做起了老板。

人若是过于追求面子，也就堵住了许多路子。这就好比鸟儿把自己关进了一个漂亮的笼子里，尽管小巧精致，但却没有多少行动的空间，永远不能在蓝天上自由翱翔。

人类的虚荣心是一种病态心理。

虚荣心就是以不适应的虚假方式，来保护自己自尊心的一种心理状态。心理学上认为，虚荣心是自尊心的过分表现，是为了取得荣誉和引起普遍注意而表现出来的一种不正常的社会情感。

在虚荣心的驱使下，往往会只追求面子上的好看，不顾现实的条件，最后造成危害。在强烈的虚荣心支使下，有时会产生可怕的动机，带来非常严重的后果。因此，虚荣心是要不得的，应当把它克服掉。

虚荣心的产生与人的需要有关。人的需要分生理需要、安全需要、归属和爱的需要、尊重的需要和自我实现的需要。其中尊重的需要包括成就、力量、权威、名誉、地位、声望等方面。

一个人的需要应当与自己的现实情况相符合，否则就要通过不适当的手段来获得满足。在条件不具备的情况下，达到自尊心的满足就产生了虚荣心。因此，有的人说虚荣心是一种歪曲了的自尊心，是有一定道理的。

克服歪曲的自尊心有3个办法：

(1) 做到自尊自重。克服虚荣心是首先要做到的。做人起码要诚实、正直，绝不能为了一时的心理满足，不惜用人格来换取。有的少女为了满足物质的追求，牺牲自己最宝贵的贞操，是值得深思的。只有把握住自尊与自重，才不至于在外界的干扰下失去人格。

(2) 树立崇高理想。人应该追求内心的真实的美，不图虚名。很多人能在平凡的岗位上做出不平凡的成绩，就是因为有自己的理想。

同时，做到自知之明。这就是说要能正确评价自己，既看到长处，又看到不足，时刻把消除为实现理想而存在的差距，作为主要的努力方向。

(3) 正确对待舆论。虚荣心与自尊心是联系的，自尊心又和周围的舆论密切相关。别人的议论，他人的优越条件，都不应当是影响自己进步的外因，决定进步的是自己的努力。只有这样的自信和自强，才能不被虚荣心所驱使，成为一个高尚的人。

不要让恐惧占据你的心头

有的人对一切都怀着恐惧之心：他们怕风，怕受寒；他们吃东西时怕有毒，经营商业时怕赔钱；他们怕人言，怕舆论；他们怕困苦，怕贫穷，怕失败，怕雷电，怕暴风……他们的生命，充满了怕，怕，怕！

恐惧能摧残人的创造精神，足以消灭个性而使人的精神功能趋于衰弱。一旦心怀恐惧的心理、不祥的预感，则做什么事都不可能有效率。恐惧代表着、指示着人的无能与胆怯。"恐惧"这个恶魔，从古到今，都是人类最可怕的敌人，是人类文明事业的破坏者。

最坏的一种恐惧，就是常常预感着某种不祥之事的来临。这种不祥的预感，会笼罩着一个人的生命，像云雾笼罩着爆发之前的火山一样。

许多人都有一种杞人忧天感，他们常常猜想着大不幸的降临：要丧财失位，要遭遇不测，要面临火灾水害。假使在他们的儿女离家出门的时候，他们的心目中一定会看到种种灾难——火车出轨、轮船沉覆——他们总是想到最坏的一方面。

当整个心态和思想随着恐惧的心情而起伏不定时，干任何事情都不可能收到功效。在实际生活中，真正的痛苦其实并没有想象的那么大。那些使得我们愁眉苦脸、未老先衰的事情，那些使得我们步履沉重、面无喜色的事情，实际上并没有发生。

世界上有许多人，在想象恐惧中生活，而且这些恐惧多是无中生有的。对于人本能产生的恐惧和臆想出来的恐惧之间的区别，弗洛伊德曾给出了一个绝妙的解说：一个人置身于非洲丛林，看见蛇会感到恐惧，这是很正常的事，这种恐惧感有利于保护自己。

但如果一个人居住在房间里也感到恐惧，以为在他的房间里有一条蛇正藏在地毯下面，那么，我们可以说这种恐惧就是病态的、不正常的。

弗洛伊德的理论对理解人类的心理是极有帮助的，这种理论可以用来考察我们一般人的恐惧心理。如果一个非洲贫穷国家的母亲害怕自己的孩子会因饥饿而死，这种恐惧感是正常的；但在美国，如果一个富有的母亲告诉别人，说她的孩子将会因为营养不良而饿死，这种恐惧就是病态的、不正常的。其实，这种恐慌心理可能根源于她平时的愧疚、恐慌和仇恨。

恐惧是人类最大的敌人。不安、忧虑、嫉妒、愤怒、胆怯等，都是恐惧的一种表现。恐惧剥夺人的幸福与能力，使人变为懦夫；恐惧使人失败，使人流于卑贱；恐惧比什么东西都可怕。因此，克服恐惧，已成为每个人要面对的重大问题。

恐惧纯粹是一种心理想象，是一个幻想中的怪物，一旦我们认识到这一点，我们的恐惧感就会消失。

如果我们都被正确地告知，没有任何臆想的东西能伤害到我们；如果我们的见识广博到足以明了没有任何臆想的东西能伤害到我们，那我们就不会再感到恐惧了。

勇敢的思想和坚定的信心是治疗恐惧的良药，它能够中和恐惧思想，如同化学家通过在酸溶液里加一点碱，就可以破坏酸的腐蚀性一样。当人们心神不安时，当忧虑正消耗着他们的活力和精力时，他们是不可能获得最佳效率的，他们是不可能事半功倍地将事情办好的。

所有的恐惧在某种程度上都与自己的软弱感和力不从心有关，因为此时他的思想意识和他体内的巨大力量是分离的。一旦他开始变得心力交融，一旦他重新找到了让他自己感到满意和大彻大悟的那种平和感，那么，他将真正体味到做人的荣耀。感受到这种力量和享受到这种无穷力量的福祉之后，他绝对不会满足于心灵的不安和四处游荡，绝对不会满足于萎靡不振的模样。

恐惧虽然阻碍着人们力量的发挥和生活质量的提高，但它并非是不可战胜的。只要人们能够积极地行动起来，在行动中有意识地纠正自己的恐惧心理，那它就不会再成为我们的威胁了。

在不安、恐惧的心态下仍勇于作为，是克服神经紧张的处方，能使人在行动之中，获得活力与生气，渐渐忘却恐惧心理。只要不畏缩，有了初步行动，就能带动第二次、第三次的出发，如此一来，心理与行动都会渐渐走上正确的轨道。

那么怎样排除恐惧呢？

1. 排除恐惧三步骤

首先，你要进行自我激励，不断地在自己内心里对自己说：没什么可恐惧的，我一定可以做好。自我激励就是鼓舞自己做出抉择并且从事行动。激励能够提供内在动力，例如，本能、热情、情绪、习惯、态度或者想法，能够使人行动起来。

其次，行动起来，用事实克服恐惧。很多事情没有做的时候，常常会感到恐惧，一旦做起来，就不会恐惧了。特别是事情做成功了，就可以克服恐惧，树立起信心。

再次，把事情的最坏结果想象出来，如果最坏的结果你能够承受，那么就没有必要恐惧了。比如，下岗了，又能怎样？我还有基本生活保障，不至于活不下去。我可以干自己能干的事情。

我们现在认识到对生活的恐惧是因为早期没有受到信心的鼓励，这种恐惧不克服就会严重影响我们今后的发展。在恐惧所控制的地方，是不可能达成任何有价值的成就的。一个做事有"手腕"的人要想成功，就要改变自己，克服恐惧，肯定自己。

所以，当我们面临极困难的问题时，就像掉进泥沼里一样，难以自拔，越是盲目挣扎，越是往下陷。"希望"只是一个起始点。但是，"希望"需要"行动"配合，才能获得胜利。

2. 克服恐惧，对症下药

应付恐惧的行动表

恐惧的种类	采取的行动
因为个人仪容而怕出丑。	孔子说："出门如临大宾。"每天出门之前，就像要见贵宾一样，修整仪容，穿着整齐。皮鞋要擦亮，头发要修剪干净。
害怕失掉重要客户	加倍努力，提供客户额外的服务。将可能引起客户不愉快的因素，全部找出来，努力研究，逐一克服，并采取预防之道。
害怕考试失败	向学长们请教制胜秘诀，将忧虑的时间改为多读一些书。
害怕事情全部失控	将您全部的精神，转移到完全不同的事情上，弹弹钢琴，看场电影，散散步，打坐冥思，将脑子净空，前因后果,彻底分析检讨。
害怕生命受到威胁（例如天灾人祸或飞机失事等）	将您的恐惧转变成帮助别人，或者祷告，静坐练气功。
害怕别人批评	请教老前辈或上司,再三检查您的计划，尽量做到无懈可击，然后推行。没有任何一个计划推出时，不被人批评的。
害怕投资失败	一定要花时间分析所有可能失败的因素，然后做决定。做决定之后，要锲而不舍，相信自己的判断。
怕见生人	孟子说过："视大人则藐之。"其中有很精辟的理论，不妨取出，每日研读。

不要让生命被琐事困扰

很多人在芝麻绿豆般小事中空耗生命，这些事无巨细中，至少有十之八九是毫无收获的，就更不用说会带来幸福了。他们活得很匆忙，虚浮，也从不努力，漫无目标。因为期望自己能早点知道究竟要往哪里去，所以便拼命地赶趟似的。其实，只要他们不要想得太多，问题也许就会单纯些。坏就坏在他们从不停下来检讨一下，究竟哪个目标值得去追寻。更为可怜的是，他们根本就不知道自己究竟需要什么。

很多时候，我们若想摆脱小事的烦恼，只消转移重点即可——也就是说，在心里采取另一个新而愉快的观点。我有一个作家朋友在这一点上面就做得很成功。以前他在自己的寓所写作时，常常被除湿机的噪音吵得几乎发疯。后来有一回，和朋友去野外露营。他说："我们燃烧营火的响声就好像我的除湿机的声音。为什么我喜欢木柴燃烧的声音，却痛恨除湿机的声音呢？回家后我对自己说：'木柴的响声很动听，除湿机的轧声也一样，我这就去睡觉，再也不介意那些嘈杂声了。'果然，有几天我还是会在乎那些声音，过了一阵子后竟然不觉得它们嘈杂了。"

"人生中许多琐碎的烦恼也是如此，都只是被夸大了它们的重要性，让我们心烦意乱得一点也不值。"

迪斯奈有言："生命易逝，不容轻掷。"蒙瑞斯在星期杂志上写道："我们常常纵容自己为一些不值一提的小事沮丧不已。事实上，想想人生几何，我们何必介意那些可能1年后就没有人会再介意的小事呢？何不让我们把这些一去不回头的宝贵光阴用在可贵的感情、重大的思想、真诚的爱意以及恒久的事业上？毕竟'生命易逝，不容轻掷'呀。"

现代人为了忘掉很多愚蠢不值一顾的烦恼，必须吃更多的药丸。人们说忧虑伤人，从生理学的观点来看，也是有根据的论点，心理医生梅耶说："烦恼会影响血液循环，以及整个的神经系统。很少有人因为工作过度而累死，可是却有很多人是烦死的。"

心理学家们认为，在我们的烦恼中，有40%都是杞人忧天，那些事根本不可能会发生。另外30%则是既成的事实，烦恼也没有用。另有12%是事实上并不存在的病状。此外，还有10%是日常一些鸡毛蒜皮的小事。也就是说，我们有92%的烦恼都是自寻烦恼。而就像梅耶医生说的，真有人是烦死的。

这儿提供一个良好的建议：不要去烦恼那些你无法改变的事情。你的精神气力可用在更积极、更有建设性的事情上面。如果你不喜欢自己目前的生活，别坐在那儿烦恼，起来做点事吧，设法去改善它。多做点事，少烦一点。

1. 挥去琐事烦恼

许多有巨大潜力的人被一些次要、渺小的非主流的东西阻挡了前进之路，有些人甚至因为斤斤计较而毁了自己的一生。

我们应该做到：

(1) 把着眼点放在较大目标上。因小失大的人就像是一个没有做成生意的售货员一样，他向经理报告说："是的，买卖没做成，但我肯定使那位客人知错了。"在销售中，重要的是做成生意，而不是分辨谁对谁错。

婚姻中，重要的目标是幸福、平静，而不是谁在争吵中取胜。

在与员工一起工作，重要的是发挥他的潜力，而不是就他们犯的小错误大做文章。

邻居相处时，重要的是互相尊重与友好相处，而不是总盯着他们是否在说别人的闲话。

如果用部队的原则要求，我们宁愿失去一场战斗，而赢得一场战争，也不愿因赢得一场战斗，而失去一场战争。

(2) 问"这是否真的很重要？"在每次消极的激动之前，问问自己："这事值得我那样大动干戈吗？"没有比这一提问更好的治疗为麻烦事而烦恼、激动的药方了。如果我们碰到麻烦事时，问自己一声："这事是否真的重要？"则最少90%的争吵与不和将不会发生。

（3）不要掉进琐事的圈套中。在演讲、解决问题、与同事交谈时，多想些重要的事。不要为一些表象、肤浅的事情所淹没，要集中精力于大事上。

2. 保持平常之心

名利荣辱，容易使人动心，动心则容易使人全力追求它们，最终为它们所害。在名利荣辱面前，保持一颗平常心是很可贵的。

美国南北战争中，北方军统帅格兰特将军率部经过一番苦战，终于击溃了李将军所统率的南方军队。双方在阿波玛吐克斯这个地方签订停战条约。胜利的一方如换作别人则一定趾高气扬，睥睨一切，但格兰特丝毫没有流露骄矜之色，仍保持谦逊的态度。在订约时，李将军穿着完整的全新军服，腰佩弗吉尼亚州所赐予他的宝剑，气宇轩昂。反观格兰特将军却穿着转战各处时所穿的军服，它早已肮脏不堪。若不是佩戴着陆军中将的官阶牌，几乎与一般士兵不分轩轾。两人站在一处，未免相形见绌，但格兰特将军却毫不介意。

大凡获得真正胜利的人，他的功业已昭然在人耳目中，无待自己表扬，所以态度反而谦逊恭敬。如果所得胜利实无足称，但唯恐别人等闲视之，故不得不刻意炫耀。所以妄自尊大的人，就算胜利，也定属浅薄可鄙之辈，而且最后也绝不能成功。

李将军在失败时戎装佩剑，整齐庄重。这倒不是他态度骄矜，而是他胸襟豁达，勇于接受失败的表现。就因为他所处的地位崇高，所以在失败之际对于仪表更应注重。这表示他虽然暂时失败了，犹有重振雄风的一日。

英国柯沙斯上校在督导巴拿马运河工程时，潜心工作，不计外界的毁誉。在别人批评他的时候，他置之不理，并要以该工程的顺利完成来回击那些批评他的人。

到了巴拿马运河大功告成之时，大家纷纷赞扬他，但他仍将全部精力集中在运河建设上。在水闸内细察启闭水闸的机器，在河边注意往来船舶，务使通行无阻，而不是站在通过运河第一只船的船头上接受大家的祝贺。等到开庆功大会的时候，人们才发现，柯沙斯上校不知什么时候已经离开这里了。

成亦平常，败亦平常，其中的道理有多少人能明了，又有多少人能亲身实践呢？而这就是区分人生境界高下之所在了。

3．不必太注意别人的脸色

小孩是注意大人的脸色行事的，因为孩子幼稚；奴才是根据主子的脸色行事的，因为奴才的命运操纵在主人手里。谁愿意永不成熟，谁愿意将命运交到别人手中？

我们并不可能让每一个人都高兴，他的脸色不好，也许只是他的一种病态，也许他并没有冲你而来，也许虽然做给你看，但全是误会。你为什么将命运的一半交给他呢？我们如果一只眼睛注意着工作，另一只眼睛在注意别人的脸色，是活不出好模样来的。一定要记住：成熟的人不会注重别人的脸色，而是专心干自己的事业。

4．不为虚名所累

古代圣贤之所以能修行到极高境界，很大程度上在于他们能不为虚名所累。孟子说：有意料不到的赞扬，有过于苛求的诋毁。人生在世，确实有许多偶得的虚名，而这偶得的虚名，自然当真不得。

有一次，孟子本来准备去见齐王，恰好这时齐王派人捎话，说是自己感冒了不能吹风，因此请孟子到王宫里去见他。

孟子觉得这是对他的一种轻视，于是便对来人说："不幸得很，我也病了，不能去见他。"

第二天，孟子便要到东郭大夫家去吊丧，他的学生公孙丑说："先生昨天托病不去见齐王，今天却去吊丧，齐王知道了怕是不好吧？"

孟子说："昨天是昨天，今天是今天，今天病好了，我为什么不能办我想办的事情呢？"

孟子刚走，齐王便打发人来问病。孟子的弟弟孟仲子应付差役说："昨天王有命令让他上朝，他有病没去，今天刚好一点，就上朝去了，但不晓得他到了没有。"

齐王的人一走，孟仲子便派家丁在孟子回家的路上拦截他，让他不要回家，快去见齐王。

孟子仍然不去，而是到朋友景丑家住了一夜。

景丑问孟子："齐王要你去见他，你不去见，这是不是对他太不恭敬了呢？况且这也不合礼法啊。"

孟子说："哎，你这是什么话？齐国上下没有一个人拿仁义向王进言，难道是他们认为仁义不好吗？不是的。他们只是认为够不上同齐王讲仁义，这才是不恭敬呢。我呢，不是尧舜之道不敢向他进言，这个道还不够恭敬？曾子说过，'晋国和楚国的财富我赶不上，但他有他的财富，我有我的仁，他有他的爵位，我有我的义，我为什么要觉得比他低而非要去趋奉不可呢？'爵位、年龄、道德是天下公认为最宝贵的三件东西，齐王哪能凭他的爵位轻视我的年龄和道德呢？如果他真是这样，便不足以同他相交，我为什么一定要委屈自己去见他呢？"

逍遥任我在，不为虚名行，孟子的思想达到了很高的境界。

面对沉重生活，学会缓解心理压力

当外界事件所产生的影响太大、内在期望与现实发生冲突或生活事件改变频繁时都会引起心理压力。人们在生活中要学会缓解心理压力，保持轻松积极的心态。

压力是精神与身体对变化的反应，也可以说是个体对外在或内在事件的生理反应。它具有主观性、评价性与活动性。主观性指的是同样的事件对不同的人所引起的压力状况不同，有些人是从事固定工作时间的公务员职业，觉得沉闷近乎窒息，但也有些人因为工作变动太大，随时要应付突发状况，而饱受压力威胁；评价性指的是个体对压力会产生好坏优劣的看法，有些人听到要考试，觉得考试会带来负面的影响，也有人认为考试可以督促自己读书，具有正面功效；活动性指的是压力的大小或强弱，例如，突然失去亲人、遭遇意外事故等所引发的压力要比被主管纠正错误或与人口角的压力大。

一般的直觉总认为困难或痛苦才会产生压力，其实太过轻松或值得欣喜的事有时也会引起压力。压力可以区分成下列 4 种。

(1) 快乐的压力。

例如结婚、怀孕、生子、乔迁、晋升、毕业等都会造成某种程度的压力，以致喜极而泣，手舞足蹈。

(2) 闲置的压力。太过轻松，

大材小用以致无法发挥潜能。例如学生一方面期待暑假，但也常抱怨暑假过得无聊；或上班族期待休假，但休假时又想快点上班。

(3) 痛苦的压力。

指疾病、失业、调职、债务、离婚等危机事件所引起的压力。

(4) 过量的压力。

过高的期望、加班、身兼数职、短期内要完成过多的事等，也会引起压力。

有 3 类因素会影响压力的反应：

(1) 压力事件的性质。

①压力事件过强：例如车祸、破产、丧偶。

②压力事件过于复杂：例如失业导致婚姻破碎，离婚导致子女离家。

③压力事件太频繁：在短时间内连续发生压力事件，例如一再受上司指责、夫妻间经常口角、1 年内被调职 3 次等。

④压力事件发生的时机重叠：例如搬家又碰上调职，家人生病又碰上失业，正所谓"屋漏偏逢连夜雨"。

(2) 个体的心理因素。

①人格形态：冲动型或内向型的人比理智型、外向型的人易产生压力。

②思考模式：爱钻牛角尖、墨守成规、悲观消极的人，比积极乐观、开放多元思考的人容易有压力。

(3) 个体的生理因素。

①身体健康状况：罹患慢性疾病或过度疲倦的人会降低压力忍受程度。

②年龄：中壮年较老年能接受压力的挑战。不同发展阶段会有特定的压力事件，例如青春期对于同伴认同或权威关系会有较强的压力反应。

无论是什么样的压力，也无论是什么样的因素影响，都要求我们在沉重的生活面前打一个漂亮的胜仗，都要求我们用平稳的心态来缓解心理压力。

1.正确看待竞争压力

从根本上说，每个人追求成功实际上就是在和别人赛跑，在和自己的对手竞争。

竞争容易使人在长期的紧张生活中产生焦虑，出现心理失衡、情绪紊乱、身心疲劳等问题。尤其是在竞争中出现失败的人，由于主观愿望与客观满足之间出现了巨大差距，加上有的人心理素质本来就存在不稳定因素，则会引起他们消沉、精神变态，甚至出现犯罪或自杀。

那么，在充满竞争的现代社会里，如何才能扬长避短，保持心理健康呢？

第一，应该对竞争有一个正确认识。

我们知道，有竞争就会有成功者和失败者，关键是要能正确对待失败，要有不甘落后的进取精神。

第二，对自己要有一个客观的恰如其分的评估，努力缩小"理想的我"和"现实的我"之间的差距。

在制定目标时，既不好高骛远，也不妄自菲薄，要把长远目标与近期目标有机地统一起来，脚踏实地一步一个脚印地做起，这样才有助于自己的理想最终得以实现。

第三，在竞争中要能审时度势，扬长避短。

一个人的需求、兴趣和才能是多方面的，如果在实战中注意挖掘，那就很可能会有柳暗花明又一村的新局面。这样不仅能增加成功的机会，减少挫折，而且会打下进一步发展和取胜的好基础。

当然，成功了固然可喜，失败了也问心无愧，如果从中悟出了一番道理，或者在竞争中学到了知识，增长了才干，那么这种失败或许更有价值，完全可以成为明天成功的起点。

心理学家认为，人的感情在外界刺激的影响下，具有多度性和两极性的特点。每一种感情都具有不同的等级，还有着与之相对立的情感状态，如爱与恨、欢乐与忧愁等。

在特定背景的心理活动过程中，感情的等级越高，那么在这种情形下出现的心理斜坡就越大，因此也就很容易向相反的情绪状态进行转化，有人将之称为"心理摇摆规律"。例如，此刻你感到兴奋无比，那相反的心理状态极有可能在另一时刻不可避免地出现。

由于在竞争中有赢也有输，所以人们就更容易受到"心理摇摆规律"的影响。这是必须注意克服的。

首先，要克服这种"心理摇摆效应"所带来的心理上的不良反应，人们要消除一些思想上的偏差。

每个人都应当认识到，人生不可能总是处于高潮，生活也不可能永远都是诗情画意。人生有聚也有散，生活有乐也有苦。

其次，人们应该学会体验各种生活状态的不同乐趣。

我们既要能在激荡人心的活动中体验激情的热烈奔放，又能在平淡如水的日常生活中享受悠然自得的生活乐趣。唯有如此，自己才能在生活场景发生较大转换时，避免心理上产生巨大的失落感和消极情绪。

第三，要加强理智对情绪的调控作用。

人在快乐兴奋的生活时空中，应该保持适度的冷静和足够的清醒。而当自己转入情绪的低谷时，要尽量避免不停地对比和回顾自己情绪高潮时的"激动画面"，隔绝有关刺激源，把注意力转入到一些能平和自己心境或振奋自己精神的事情中去。

毕竟，人只要在社会中生存，就会有竞争压力存在，无论是学习上的竞争压力，还是工作上的竞争压力，都会让人精神紧张起来。但人们又不得不去面对它，因为竞争这种事没有选择的余地。

2. 承担生活的沉重

一个人觉得生活很沉重，便去见哲人柏拉图，以寻求解脱之道。

柏拉图没有说什么，只是给他一个篓子让他背在肩上，并指着一条砂石路说："你每走一步就拾一块石头放进去，看看有什么感觉。"那人开始遵照柏拉图所说的去做，柏拉图则快步走到路的另一头。

过了一会儿，那人走到了小路的尽头，柏拉图问他有什么感觉。

那人说："感觉越来越沉重。"

"这就是你为什么感觉生活越来越沉重的原因。"柏拉图说，"每个人来到这个世界上的时候，都背着一个空篓子。在人生的路上他们每走一步，都要从这个世界上拿一样东西放进去，所以就会有越走越累的感觉。"

那人问："有什么办法可以减轻这些沉重的负担吗？"

柏拉图反问他："那么你愿意把工作、爱情、家庭还是友谊哪一样拿出来呢？"那人听后沉默不语。

柏拉图说："既然都难以割舍，那就不要想背负的沉重，而去想拥有的欢乐。我们每个人的篓子里装的不仅仅是上天给予我们的恩赐，还有责任和义务。当你感到沉重时，也许你应该庆幸自己不是另外一个人，因为他的篓子可能比你的大多了，也沉重多了。这样一想，你的篓子里不就拥有更多的快乐了吗？"那人听后恍然大悟。

现实生活中，每个人都有压力，并且压力无处不在，如影相随，伴随左右。所以，不要让自己长期生活在紧张压抑之中，不要让自己生活的琴弦绷得太紧，也不要活那么累。必要的时候，放松一下自己，想想自己的责任，就会以一个乐观主动的心态去背负生活的沉重。

3. 缓解工作压力

工作压力通常是每个人都会面临的问题，可以说，没有无压力的工作。工作压力是把"双刃剑"，一方面能够产生动力，使我们对工作更有热情；另一方面又会使我们产生负面情绪，影响工作效率。因此，面对工作压力，我们应该拿出热情，认真对待，要把压力尽量转化为工作的动力。努力缓解压力，避免产生负面效应。

以下列举了一些较常见的工作压力源，以及对付它们的办法：

压力源之一：工作量太大

手头的工作做都做不完，老板又交给你一份工做报告。工作量太大，根本难以完成。

解决办法：自我轻装。你自己应对工作职责了如指掌。仔细安排一下，有些工作不一定都要你亲自去做。比如，新上的项目不需要你插手，一些琐碎的事宜可交给助手去做。总之，与你的上司好好谈谈，提出你的方案。另外一个较有效的方法就是"暂时离开策略"。比如给自己留出时间舒缓过于紧张的神经。比如有选择的接电话，吃饭时离开办公桌，出去散步，晚上与朋友约会参加社交活动，等等。但总的来说，工作量大的情况下应该以更饱满的热情投入其中，这样才能有利于尽快解决问题。

压力源之二：被动的工作状况

老板突然将你的工作量增加了两倍而没有奖金。你在毫无所知的情况下把你换到另一个办公室。老板期望你的工作更完美却不提高工资。专家们说，这种情况更会导致压力的增加。在这些情况下，人们患心脏病、忧郁症的可能性都要高出正常人的3倍。

解决办法：变被动为主动。专家们的建议是主动了解老板这么做的原因，不要单纯地发牢骚。主动和老板谈谈。一旦了解到了真正原因，你就可以针对这一新政策而发表看法，向老板解释你当前的工作完成情况。如果情况对你很不利，你就要检查一下自己了。为自己制定一个年终目标，达到目标后不妨自我奖励。不要把自己看成是这份工作的牺牲品。

压力源之三：我不喜欢我的同事，他也讨厌我

两个人原来是朋友，由于几句信口开河之词使彼此双方翻了脸。结果，到现在还经常互相指责，为一点小事搞得双方都不愉快。

解决办法：小心为妙。收起你的尊严，彼此谈谈。比如，主动与对方讲："我仔细考虑了一下我们之间的矛盾，我愿意与你交谈一下，以改变目前这种状况。"心理学家说，这种情况下千万不要埋怨对方或互相辱骂。如果矛盾严重到影响工作，应找老板、人事部门或工会出面调解。专家们还说，不要忽略小矛盾。有了矛盾后应立即解决。同时，在公司讲话一定要多加小心，话出口之前要考虑后果。总之，如果你不背后嘀咕，经常发牢骚，或批评别人，你就能够在公司维系良好的人际关系。

压力源之四：家务缠身

孩子生病，周一请假。计划周末补工，可孩子又没人带。

解决办法：寻找平衡点。将要完成的任务根据重要性逐一列出。如果发现自己在某项任务上花的时间与工作重要程度不相称，那么，就要做适当调整。尽量不要把事情安排在早餐时间或延长晚上的会议。仔细研究一下一天的任务安排，不要怕开口求人帮忙。搭车，送孩子上幼儿园，或要求家庭成员帮忙负担家务等等，都可减轻工作负担。

压力源之五：我不喜欢我的工作

你对现任工作没有一点兴趣，经常加班，老板太苛刻，上班没事可做。

解决办法：改变状况。"一般来讲，一份工作，只有 25%的时间属于上述状况。"专家们说。换到另一个工作部门，和同组的同事交换一下工作职责等，都会改变状况而令人喜爱这份工作。当然，如果仍无法解决问题，就应浏览招聘广告了。

压力源之六：我害怕被裁员

看到昔日的同事逐个离去，您的心里面也上下直打鼓。"下一个就是我了吧！"专家们把这种心理状况叫作"留守症状"。留守人员感到无形压力，工作也不负责任。

解决方法：更新自己。开始联系，询问有关招工消息。上夜校或更新你的计算机技巧。你需要不断学习，更新自己，才是解决目前处境的有效方法。

总之，面对压力不可消极忍耐，更不能逃之夭夭。要以饱满的精神、主动的态度去面对，尽量把压力转化为动力，要更富热情地去完成工作。

学会克服心理障碍

每一个人都有能力发展自己，取得更大成功，不幸的是人们在开发自己潜能以取得成功的过程中常会遇到一种自身的心理障碍，这就是所谓的"约拿情结"。约拿是圣经中的人物，上帝给了他机会，他却退缩了。这是怀疑甚至害怕自己的智力所能达到的光辉水平，以致心理软弱到甘愿回避成功的典型。

回避成功的心理障碍，主要有意识障碍、意志障碍、情感障碍和个性障碍等。

所谓意识障碍，指由于人脑歪曲或错误地反映了外在现实世界，进而影响甚至减弱人脑自身的辨认能力和反映能力，阻碍着人们对客观事物的正确认识，从而影响事业上的成功，主要有几种表现类型：

(1) 自卑型心理障碍：因生理缺陷或心理缺陷即自认为智力水平低，或家庭、社会的条件不如人，而产生的一种缺乏自信、轻视自己的心理状态，一般有不能进行自我能力开发的悲观感受。

(2) 闭锁型心理障碍：不愿表现自己，把自我体验封闭在内心，而不愿向他人表现，因而缺乏自我开发的积极性。

(3) 厌倦型心理障碍：是一种厌恶一切自己不感兴趣的事情和无能为力的心理状态。存在厌倦心理的人，常常抱怨自己"怀才不遇"，悔恨"明珠暗投"，而对自我开发失去兴趣。

(4) 习惯型心理障碍：习惯是由于重复或练习巩固下来的并变成需要的行为方式，习惯的形成一是自身养成，二是传统影响。认为不进行自我能力开发也照样过日子，满足于现状是前一种，而求稳怕乱则是后一种。

(5) 志向模糊型心理障碍：是指对将来做什么，成为何类人才的理想不明确，从而没有定向进取的内驱力，不能进行自我能力开发的一种心理障碍。

(6) 价值观念异变型心理障碍：是指对作用于人的客观事物的价值进行了不正确的或者是错误的心理评估，形成了一种畸形的价值意识，如把工作分为三六九等、高贵与低贱等，最突出的表现为贬低自己目前所从事的职业，因而不能结合工作开发自己能力的心理障碍。

1. 扬长避短

个人存在某方面的心理障碍或缺陷时，本人和社会若能接受这种障碍或缺陷，就没有去"克服"的必要。金无足赤，人无完人，优秀和缺陷并存才是一个完整的人。如果心理障碍或缺陷使本人感到痛苦并严重影响社会功能，则应当努力克服。但在如何克服心理缺陷的方法上，一些人存在认识上的误区。

比如，在陌生的社交场合与人交谈时，许多人都会体验到不同程度的畏惧和回避心理，性格内向者的体验更明显一些，但多数人都能克服这种心理障碍而融入环境中去。但如果害怕与人交往的心理十分严重，同时伴有心慌、气短、出虚汗、面红耳赤、张口结舌、手足无措等表现，并且经常如此，始终不能克服，其结果就会长期回避社交，这也叫社交恐惧症。这样的人体验到的痛苦越深，克服自身缺陷的愿望和努力就越大。但结果往往事与愿违，越想与缺陷做斗争，缺陷则越来越顽固。这是因为有这种缺陷的人采取了直接针对缺陷的方法，总是时刻提醒自己努力克服，并力图很快克服。

实际上，克服心理障碍的最有效方法是"扬长避短"。"扬长避短"是自然法则，是顺应自然。生物仅依靠某一种"长处"能在亿万年的自然残酷的竞争中得以生存，就在于经历了不断进化和完善了自己的"长处"。比如蚯蚓割断身体、海参抛弃内脏都能够再生，这就是它们赖以生存的"长处"。如果它们在进化中不充分利用自己的"长处"，自然的力量早就将它们淘汰了。人类的"长处"是大脑和思维，我们靠发达的大脑成为万物之王。如果我们的祖先不是为了克服打不过狮子、跑不过猎豹、游不过鱼类等"缺陷"，天天去和这些"缺陷"做斗争，我们人类还有今天吗？

急切想克服社交恐惧症的人，就往往只看到别人的长处和自己的短处。他们羡慕那些口齿伶俐者，把在社交场合口若悬河、风度翩翩视为目标，注意力集中在自己"笨手笨脚笨嘴"的毛病上，而往往体会不到自己超人一筹的笔头表达能力和逻辑思维能力。如果一位社交恐惧症患者，常年订阅《演讲与口才》杂志，背诵了许多笑话，经常逼着自己去"谈笑风生"，结果可能是越来越结结巴巴、面红耳赤。

每个人都有别人不及的优点，你只有发现和利用这些优点去与别人竞争，才能取得事半功倍的实效。如果你致力于克服短处而不发挥优势，不仅毫无胜机，最后长处也可能因得不到培养而变成短处。

缺陷的形成非一日之寒，融化它就非一日之功，一定要有持久战的心理准备。就拿社交恐惧症来说，它往往有性格内向和自卑的内在心理基础，或有容貌和语言表达能力方面的外在缺陷，这些东西哪一样都不是能够轻易克服的。有些可能是不能克服的，因此在战略上要打持久战。

2. 心态疗法

(1) 豁达法。这是指一个人应有宽阔的心胸，豁达大度，遇事从不斤斤计较。平时做到性格开朗、合群、坦诚、无私、知足常乐、笑口常开，这样就很少会有愁闷烦恼。

(2) 松弛法。这是一种放松身心的方法。具体做法是：被人激怒后或十分烦恼时，迅速离开现场，做深呼吸运动，并配合肌肉的松弛训练，甚至可做气功放松训练，以意导气，逐渐入境，使全身放松，摒除脑海中的一切杂念。

(3) 节怒法。这是一种自我节制怒气的方法。主要靠高度的理智来克制怒气的暴发，可在心中默默背诵名言"忍得一肚之气，能解百愁之忧"、"将相和，万事休"、"君子动口不动手"等等。万一节制不住怒气，则应迅速脱离现场，在亲人面前宣泄一番，倾诉不平后尽快地将心平静下来。

(4) 平心法。这是保持自我心情平静的一种方法。可以尽量做到"恬淡虚无"、"清心寡欲"。如果你与世无争，不为名利、金钱、权势、色情所困扰，不贪不沾，看轻身外之物，同时又培养自己广泛的兴趣爱好，陶冶情操，充实和丰富自己的精神生活，可使自己常常处于恬淡、愉悦的宁静心境之中。

(5) 自脱法。这是一种自寻愉悦、自找乐趣的方法。可以经常参加一些有益于身心健康的社交活动和文体活动，广交朋友，促膝谈心，交流情感；也可以根据个人的兴趣爱好，来培养生活的乐趣，做到劳逸结合。在工作学习之余，应常到公园游玩或赴郊外散步，欣赏乡野风光，体验大自然的美景。

(6) 心闲法。通过闲心、闲意、闲情等意境，来消除身心疲劳，克服心理障碍。不要让自己活得太累，心情豁达点、遇事想开些，何来烦恼？

第五章

面对困境的最佳选择

遇到危机，冷静解决

生活总是充满着变化。有时它会让你突然掉入危机之中，让你感到整个世界都对你如此不公；有时它又会让机遇突如其来地降临到你的身上，这时你大概又要感叹上帝对你是多么厚爱了。但是，对于一个具有积极应变能力的人而言，无论是困难还是危机，他都能从容应对。

危机不仅会突如其来地降临在一家公司的身上，个人每时每刻也都有可能潜在的危机出现。人生有高潮，也就会有低潮。有时候危机会成为一种打击，将你击倒在地，但是你千万不要就此一蹶不振。相反，你应该勇敢地站起来，因为当你站起来之后，你会发现：危机已经走远。如果你站不起来的话，危机将永远压在你的身上。危机就像是闪电，它可以将你击晕，使你昏迷在地，但是醒来之后，你依旧可以顶天立地，而这时雷声早已消逝，天空一片蔚蓝。

任何人都不可能一帆风顺，总有面临危机之时，这就是突如其来的打击。面对危机时一定要做到，不管是什么形式的危机，不管你是否被危机所击倒，都时刻记住：跌倒了，一定要爬起来！

1．看清危机，临之不畏

在危机当中，一些人会害怕失去他们的安全、工作、婚姻、尊重、爱，害怕别人会注意，怕失去自认为重要的东西。如果能够避免这些，同时挽救他们的面子，他们就会支持你。

在危机中，人们也会觉得自己无力。他们需要有人指引方向。

其实，危机也有其另一面，如果你知道怎样利用它的话，你就可能通过危机走向胜利。假如你希望利用危机，你得知道自己想要什么，必须有目标。准备冒险去获得，就果断行动，这样你才能占得先机。

假如你一直看着危机的发展，就会明了事情的因果始末。如果你是唯一在特定方向能够行动，而且知道自己想要什么的人，若是你又表现得很冷静，对于所有的困惑都有清晰的头脑，你就会比那些在一瞬间深陷在混乱中的人，更加能够有逻辑地思考——这将使你获益匪浅。你的目标给你距离，而你的距离给你力量。

危机能够带给你一种以前没有出现的成功机会，此时，别人正面临低潮，这是你表现出权威感，在最讨人喜欢的情势中呈现自己意见的最佳时机。假如你注意到导致目前危机的事件，你就需要分析情况，让人家知道你的价值。

如果你害怕，那就把它们藏在心底，要不然它们就会变成别人批评、抗议以及质疑的目标。不要打击那些必须与你一起工作的人的士气，因为他们会很轻易地因危机之中的第一个败退而气馁，然后，你会对他们失去信心——就在你最需要的时候。当面临危机时，你可以再整理一下以前无法展开的计划和点子。能够帮助陷入危机者解决不确定感的人，会赢得他们的忠诚并使其献出最大的努力。因此，不要在危机中退缩，这可能是你的大好时机。

应当注意的是，应该利用危机来实现以前所做的决定——而非重新再定一个。面临危机时所做的决定，通常不会考虑长远的目标，因此很可能产生与预期相反的结果。但是，在危机之下所做的决定，比起在没有压力的时候，更显得有冲劲和魄力，因此，可能会更令人瞩目。

尽管我们的生活与事业随时都有可能出现危机，但是只要你能掌握解决危机的方法，冷静地分析它，从宏观上看清它，心里没有丝毫的畏惧感，你就可以从从容容应对生活与事业上的一切变故，你就能够从危机走向胜利。如果你自信是一个好的危机解决者，你甚至可以通过适当的制造危机来促成你事业的成功。

2. 跌倒了就要站起来

面对危机，一定要坚毅，即使被击倒，也要勇敢地站起来，因为：

第一，人性是看上不看下，扶正不扶歪的。你跌倒了，如果你本来就不怎么样，那别人会因为你的跌倒而更加轻视你；如果你已有所成就，那么你的跌倒将成为许多心怀嫉妒的人眼中的"好戏"。所以，为了不让人轻视，为了保住你的尊严，你一定要站起来！不让他人小看，不让他人笑看。

第二，被危机击倒并不代表永远不行，但你先得站起来，才能继续和他人竞逐，躺在地上是不会有任何机会的，所以你一定要站起来。

第三，如果你被击倒后不想站起来，那么非但没有人会来扶你，而且你还会成为人们唾弃的对象。如果你忍着痛苦坚强地站起来，迟早会得到别人的协助；如果你丧失"站起来"的意志与勇气，那么你也就很难取得别人的帮助了。

第四，一个人要成就事业，其意志相当重要。意志可以改变一切，跌倒之后坚强地站起来，这是对自己意志的磨炼，有了如钢的意志，便不怕下次"可能"还会跌倒了。因此，为了你往后漫长的人生道路，你一定要站起来！

第五，有时候人的跌倒，心理上的感受与实际受到伤害的程度不一样，因此你一定要站起来，这样你才会知道，事实上你完全可以应付这次危机，也就是说，知道自己的能力存在。如果自认起不来，那岂不埋没了自己？

总而言之，如果你一旦被突如其来的危机击倒，而又不愿重新站起来，那你就会丧失机会，被人看不起，这是人性的现实。所以你一定要重新站起来。就算站起来之后又被另一次危机打倒，至少你可以成为一个勇者，成为一个受人尊敬的人。

至于跌倒了应在哪里站起来，有人说"在哪里跌倒，就在哪里站起来"，其实也不尽然，你也可在别的地方站起来！

"在哪里跌倒，就在哪里站起来"是正确面对危机的一种态度，同时也可让同行的人了解"我某某某站起来了"！但你必须先确定你原来走的路是对的。如果跌倒之后，发现原来是走错了路，也就是说，如果你走的是一条不能发挥你的专长，不符合你的性格的路，你可以试着在别的地方站起来。事实上，有不少人做过很多事，经历过许多次危机的打击，最后才找到适合他的行业。而且，只要能够成功，谁在乎你是从哪里站起来的呢？

当危机降临到我们身上的时候，我们一定要学会自我拯救，拍拍自己的肩膀，而不要指望别人来替你解决危机。

说实话，当你身处危机中时，有些人也许在看你的好戏，真正能鼓励你的人不多！看不得别人比自己好，这是人的一种劣性，因此，你也不必对人性的这种现象过于感慨。或许你的老师、朋友和长辈会鼓励你，但他们也没法子天天拍你的肩膀。父母兄弟呢？他们是最有可能不断给你鼓励的人，但很多父母看到陷入低潮的子女，不但没有鼓舞，反而责骂，兄弟也是如此。如果你的低潮也间接拖累他们，那你恐怕得不到他们的原谅。当然，也有一些亲人能不断鼓舞你，那真是你的幸运。

既然人性如此，那么还不如在面对危机时学会一点：自己鼓励自己！

当然，这并不否定别人鼓励的作用，事实上，得到他人的鼓励会让你没有孤单的感觉，于是生起一股奋起的力量，但是有几点要注意。

第一，千万别乞求、冀望别人来鼓励你，这样会让你像个可怜虫！而这种鼓励也带有怜悯的意味。

第二，千万别依赖别人的鼓励来产生勇气和力量，因为你未来的路还会碰到危机，可不一定每一次你身处危机的时候，就会有人来鼓励你！当然，在你身处危机时，如果有人拍你肩膀，给你鼓劲，这当然是最好的。但你不能对之产生一种依赖。

所以，在面对危机或者被危机击倒时，让勇气和力量在心中产生，好比自己钻一眼泉孔，泉水源源涌出！任何时候，任何状况，你都可以自己取用！

3. 卓有成效地化解危机

坦然地接受危机，了解你应对危机的能力，之后你就可以着手解决危机了。你可以采用下面的步骤来应对生活中出现的危机：

第一步：承认危机并做出最坏打算。

当你正式地承认危机时，你或者要准备一份签名的声明，或者要与他人签署一份"合同"，这样做的目的就是使你对危机的承认"有案可查"。这个正式的承诺可以作为你最初意图的一份明确的声明，鼓励你"在立场上划清界限"，并坚持你的决定——不允许你逐渐地模糊这个界限，直到你成功地把危机解决。

如果你不能成功地解决危机，那么给你带来的最坏的结果是什么？当你运用这个策略时，你要尽可能用形象化的图示，提醒自己当前危机所具有的潜在的灾难性后果。例如，使用生动的彩色图片和研究结论，你就能够使你自己明白这次危机将给自己带来的最大打击，从而激励你去解决它。

第二步：认清危机的起源和阻力。

大多数严重的危机都不是突然产生的，它们都有一个逐渐发展的过程。为了对你所面临危机的现状有一个彻底的了解，很有必要对此次危机的起因和发展过程进行追溯。就像只拔掉野草而不除根一样，想解决危机而不了解它的发展过程常常也是不能彻底解决它的。

如果你一直在努力地去解决某次危机，但却没有成功，那就很可能是因为有某些因素在遏制着你。这些遏制力或是某种很难打破的习惯，或是你对惨痛结果的恐惧，抑或是某些外部的障碍。你在努力收集有关危机的信息时，找出妨碍你寻求成功地解决危机办法的障碍是大有裨益的，因为这可以帮助你制定出具体的战略来解决危机。

第三步：确立可供选择的危机解决方案。

一旦你确定了危机，并对其有比较清楚的了解，接下来你就应当确立解决危机的方案了。你可以用下面的方略来解决危机：

(1) 与他人讨论。与他人讨论具体的行动方案，运用批判的和创造性的思考能力，包括从不同的角度看问题，运用你的想象力提出独特的想法等。作为批判的思考者，我们并不是孤立的，不要只靠自己来解决危机，而是在团体中生活，与他人一起协商解决危机。其他人常常能提出许多我们意想不到的行动方案，当局者迷，旁观者清，作为局外人，他们有较为客观的看法，由于他们基于过去的经验，自然与我们看待危机的方式不同。此外，你与他人共同讨论你的危机，这样做也可以起到情感上的宣泄作用，通过与他人讨论，可以使你茅塞顿开，精神振奋，从而开辟出摆脱你的两难处境的新道路。

(2) 群策攻关法。在一个典型的群策攻关的过程中，一组人一起工作，在特定的时间内提出尽可能多的想法和观点。提出想法和观点后，不要急于对它们进行评价或判断，因为这样做有可能遏制思想自由地流动，不利于人们提出建议。评价要推迟到后一个阶段来进行，要鼓励参加者多吸取他人的观点，因为大多数有创造性的想法常常是通过不同思想的相互交流而产生的。群策攻关法又叫作头脑风暴法，运用这一方法可以获得更多的危机解决方案。

直面挫折，对症下药

一个人要想干成一番事业，总是会遭遇挫折，也总是要遭逢困难和艰辛。

困难只能吓住那些性格软弱的人。对于真正坚强的人来说，任何困难都难以迫使他就范。相反，困难越多，对手越强，他们就越感到拼搏有味道。黑格尔说："人格的伟大和刚强只有借矛盾对立的伟大和刚强才能衡量出来。"

人在一般情况下是不怕困难的。但若碰到太多的困难，感到"对手"太强大了，则往往被慑服。其实，在自然界和社会历史的限定下，人生的主宰就是我们自己。失足者也好，残疾者也好，失恋者也好，落榜者也好，只要自强不息，均可挖掘出生活的甘泉。多少人硬是过不了困难关，因为他们首先过不了自己这一关。他们怕自己，怕病、怕死、怕舆论、怕苦、怕累、怕吃亏，加上懒惰、急躁、拖拉、推诿等内在的弱点和外在的困境齐相呼应，内外夹攻，毅力岂能有不瓦解之理？

在困难面前能否有迎难而上的勇气有赖于和困难拼搏的心理准备，也有赖于依靠自己的力量克服困难的坚强决心。许多人在困境中之所以变得沮丧，是因为他们原先并没有与困难作战的心理准备，当进展受挫、陷入困境时便张皇失措，或怨天尤人，或到处求援，或借酒消愁。这些做法只能徒然瓦解自己的意志和毅力，无异于帮助困难打倒自己。他们既然不能依靠自己的力量去克服困难，一切可以征服困难的可行计划便都被放弃执行，本来能够克服的困难也变得不能克服了。还有的人，面对严重的困难并未竭尽自己的全力，当攻克不了困难时，便觉得："不是我不努力，而是困难太大了。"这种"天亡我，非战之罪也"思想的支配下便丧失了征服困难的勇气和决心，只能是怯弱和灰心。不言而喻，这种人也就找不到克服困难的方法。

坚强地对待失败和鲁莽地对待失败是有区别的。坚强的人一方面不怕困难，另一方面他们又高度重视困难，冷静地、深刻地研究和解剖困难，分析它的原因，理智地寻找征服它的途径。这种明智的态度可以大大地提高克服困难的能力。有一种人面对困难，虽然具有勇气，但只是莽撞行事，看起来很坚强，实际上不但无济于事，有时还会导致进一步失败，最终造成无可挽回的局面，这是不可取的。

只要我们不怕困难，困难就会成为磨炼我们坚强性格的一块磨刀石。中国有句老话："艰难困苦，玉汝于成。"困难的环境，最能磨炼人的素质，增强人的才干。对于困难我们不必害怕也不必回避，而应以积极的态度迎难而上，在征服困难的过程中，把我们锻炼得更加坚强。

有的人之所以害怕失败，是因为不懂得到底怎样才能"吃一堑，长一智"。失败从不会让人高兴，但一旦你学会利用失败的教训，失败便是一位好的老师。重复过去的成功不见得使你学到新东西，而失败则肯定能给你以新的教益。你可以从一个组织得一团糟的聚会中学会怎样组织一个成功的聚会，你也可以从一系列失败的方案中理出比较可行、比较成功的方案。总之，只要你动脑解剖失败，从失败中挖掘教益，你就能更快地从失败中走出来。

如果我们对失败有了正确的认识，而且对失败采取了正确的态度，那么，我们就不会被失败打倒，屡经失败而不悔的坚强毅力也就自然产生了。

那么，应该怎样面对挫折呢？

1. 挫折不可怕，乐观是良方

生活中，每个人都会遇到挫折。面对挫折有的人会不战而败、捶胸顿足、怨天尤人。这样的人永远也无法走出困境。真正的成大事者，则会满怀成功的希望。

有一位外国女士在头部被抢劫犯击中 5 枪后，竟然还能继续活下来，医生把她的康复归功于求生的希望。她自己也说："希望和积极的求生意念是我活下去的两大支柱。"同她一样，许多癌症患者在面临死神的威胁时，对生满怀希望而不悲观，竟然活了许多年。在挫折面前只有充满希望，永不放弃，才有机会取得成功。

希望，使人增强了对挫折的心理承受能力。经历过挫折打击而能忍耐下来的人都有一种切身体验：人之所以能够忍耐，是因为他对未来充满了希望。比如，一些受到不公待遇的人产生了极强的挫折感，他们本来可以找有关人去讨个公道，可是，又怕因此会给其他人留下话柄，说他们计较个人名利。为了今后的前途，他们忍了，一次、二次、三次，每次忍让时他们心中想的都是希望。否则，如果一个人绝望了，对未来不抱任何希望，他就不会忍耐，而会破罐子破摔，自暴自弃，不去做任何努力，对一点点挫折都失去了承受能力。从这个意义上说，希望是奔向前途的航标和指路明灯。人若没有了希望就会迷失方向，生活就会失去意义。成大事者之所以对挫折的心理承受力强，就是因为他们相信"山重水复疑无路，柳暗花明又一村"。

成大事者在对人生充满希望的同时，也表现了他们对人生积极乐观的态度。成大事者积极乐观的态度就是在挫折中主动寻找幸福。即使道路坎坷，荆棘遍布。

生命对于一个人只有一次，是否以积极乐观的态度去对待人生，这对一个人一生的影响是重大的。

乐观是指人在遭受挫折打击时，仍坚信情况将会好转，前途是光明的。从情感智商的角度来看，乐观是人们身处逆境时不心灰意冷、不绝望或不抑郁消沉的心态。与希望一样，乐观施恩于人生。

乐观对挫折中的人有如下作用：

第一，乐观能为人排遣痛苦。

乐观是一种良好的心理特征，能挫败一切痛苦与烦恼，给人生活的勇气、信心和力量。医学家认为，愉快的情绪能使心理处于怡然自得的状态，有益于人体各种激素的正常分泌，有利于调节脑细胞的兴奋和血液循环。马克思也说："一种美好的心情，比10副良药更能解除生理上的疲惫和痛楚。"

第二，乐观的生活态度有利于促进人际关系和事业。

持一种乐观、豁达的生活态度参与活动，你会发现很容易与人和谐相处。乐观者全身充满活力，容易与社会合拍。由于心情舒畅，在与人交往中就会对别人谦虚、尊重、理解，自然会得到别人的理解和尊敬，双方情感的相悦就能形成和谐融洽的人际关系。同样，强者受挫后不气馁，以乐观的态度对待暂时的失败，这样就会使他产生一种进取的自信心。这种力量把自己展现于外，参与人群和事业，从而得到成功和成就。成功和成就的愉快情感会使自己更乐观地去继续从事未完的事业或开辟新的天地，这样的良性循环使事业充满生机，为生活带来无穷的乐趣和意义。成长中的人以乐观心态对待人，将形成较为全面发展的、聪颖、开朗和进取的个性。

第三，乐观能促进身体健康。

乐观者一生中最大的收益是身体功能完好。人们常说"笑一笑，十年少"。没错，乐天派自然心宽体胖，会笑对人生中的坷坎与挫折。他们不容易被疾病击垮，他们抗御心脑血管病、癌症和糖尿病等慢性难治病的能力远胜过悲戚忧郁者。一项新的研究成果证明了乐观与健康的对应关系。研究发现，对自我前途和未来持冷淡态度是身体健康不良的前兆。有一位外国的流行病学家断言，长期有这种绝望意识的人，其死亡率高于心脏病、癌症和其他病因造成的平均死亡率。这说明乐观心态对于健康的确大有裨益，悲观绝望则严重影响身体健康。

2. 对症下药

(1) 避免说"失败"这个词语。成就卓著的人很少使用"失败"两字，这个词使人压抑，听起来似乎意味着一个人的末日来临。他们更喜欢使用"过失"、"弄糟"或"不良结果"等词汇来表达遇到失败。

(2) 别为自己挂上"失败者"的标签。失败不仅是结果，它还是态度。当事情办糟的时候，不要本能地为自己挂上"失败者"的标签。你怎样描述自己，很可能就会变成那个样子。反复多次地自称为失败者，不仅意味着将成功无望，而且还会限制自己的潜能。

(3) 事先拟定防止失败的计划。帮助自己拟定一个防止失败的计划，经常自问："如果这事发生，最坏的后果将会怎样？"假想失败能促使你明确地考虑实际选择。你有足够的条件和能力确保你度过那段时光吗？如果你的单位向你发来一份解雇通知，你有能力另起炉灶吗？记住：汉字的"危机"也可以理解为"危险"和"机会"两方面含义。

扩大自己的支持系统也十分重要。失败后的解决办法就是依靠家庭和亲友，要善于从他们那里寻求帮助。

（4）学会理智地面对失败。一位名叫杰克·马特森的美国教授开设了一门课程，学生们戏谑为"失败101"。马特森让他的学生设计无人购买的商品模型。于是，学生们设计了仓鼠用的热水浴缸和在飓风中飘飞的风筝。

这些设想都十分荒唐可笑，注定不会成功。但有几位学生将挫折视为革新而非失败，在心理上一点儿没有失败的顾虑，他们倒觉得可以自由自在地大胆设想制作。由于大多数学生要经过5次失败后才能找到适当的工作，因此他们认识到绝不能将失败视为最后的定局。马特森说："他们学着重新装弹，做好再次射击的各种准备。"

学生们还发现了失败的两种方式，连续不断地试验多种设想被马特森称之为"迟钝、愚笨的失败"。试验的过程十分冗长，使人感到困乏，继而放弃之。"明快理智的失败"指的是构思数种设想，然后迅速齐射。"失败是勘测筹划未知领域的自然形式，"马特森说，"所以，应把你每次试验的内容压缩得尽量小一些。"

（5）永不服输。有一位青年企业家经营的建筑公司业务很不景气，企业处于濒临倒闭的状况。他当时才25岁，不愿宣告破产，于是向家人借了一些钱处理了善后事宜。后来，他又继续献身建筑业，努力学习管理的诀窍，并"壮着胆子"贷了一笔款子，重新经营起他的企业。为了使自己再遇到困难时能顺利渡过难关，他还和数家银行建立了良好的信用关系。

这位企业家谨慎地扩大自己新公司的业务，他甚至还参加了大学商业管理等课程的学习。1988年，他终于获得成功。即使如此，他也从不自我满足，他时常用过去的窘境激励自己，他说："对于所取得的成绩，我不敢有丝毫的自我满足，我总是努力改进我的业务，使它百尺竿头，更上一层楼。"

正是由于怀有这种态度，并经过失败的磨砺，他才在后来的岁月中保持了长足发展。如果你能做到这一点，相信你也一定会成功的。

自己动手消除情感疤痕

我们不再相信长相厮守就能使我们的爱情永葆青春，我们强调恋爱双方心心相印、互相了解。当恋爱双方产生隔阂，情感的裂痕不可弥补时，分手便成为必然。由此，便产生了失恋一族。

这里有一个有趣的心理测试：你面前有一面镜子，镜子的侧面对着你，想象一下，如果让你拿一粒小石子贴着镜子的侧面扔过去，动作不轻不重，想象一下，镜面可能产生什么变化：①．完好无损。②．破裂成网状，但镜片还互相连接着。③．裂开一条缝。

测试结果是：选答案①的人，失恋后会伤痕累累、长久不能复原；选答案③的人，失恋对他来说几乎没有什么影响，心情很快就可以好起来；选答案②的人，失恋后心理会受到一定影响，但复原得也较快，处于前两者的中间状态。当然，这个测试只是供人玩笑取乐，你并不必当真，但是，只要是在恋爱中付出真情实感的人，有几个敢说自己不会受失恋的影响、产生坏心情呢？只是心灵的伤口恢复的时间长短不一样罢了。

人生最怕失去的不是已经拥有的东西，而是失去对未来的希望。爱情如果只是一个过程，那么失恋正是人生应当经历的，如果要承担结果，谁也不愿意把悲痛留给自己。

爱情对于某些人来说，是生命的一部分，是一种人生的经验，有顺境有逆境，有欢笑有悲哀。所以，当和另一个人相爱时，会觉得快乐，觉得幸福。但当分手时，或者遇上障碍时，会自我安慰地说："这是人生难免。合久必分。也许前面有更好，更适合我的人哩！"于是他们会勇敢地、冷静地处理自己伤心失落的情绪，重新发展另一段感情。

而另外的一些人，会觉得一生里最爱的就是这个人，不相信世界上有更完美、更值得他们去爱的人，所以当这段恋情变化时，他们就会失去了所有的希望，也对自己的自信心和运气产生怀疑。认为对方不再爱自己，就等于自己是不值得别人去爱的。这段关系遭受外界的阻力，就等于"天亡我也"。如此，他们就会有比较极端和消极的想法，有可能会选择自杀的道路。

生命诚可贵，然而爱情的价值却不一定比生命更高。爱情可以重来，生命却只有一次。失恋之后，徒然地悲伤、自暴自弃地消耗生命只会使我们的青春黯然失色，使我们的生命价值大打折扣，不会给我们带来任何好处。"塞翁失马，焉知非福"，我们或许该庆幸，也许过去的这段恋情根本就不属于我们，根本就不值得我们为它付出这么多。真正适合我们、能给我们带来幸福的人或许正在"灯火阑珊处"，一直在那里等着我们呢！没有舍弃就不可能真正得到，失恋的经验，使我们得以睁开明亮的眼睛，寻找自己的真爱。经历了磨难的心灵，更加有能力去享受真正的幸福。能够从苦难中超脱出来的心灵，才能真正体会到真真切切的甜蜜。

朱德庸有句经典爱情名言：后悔，然后重新开始；受创，然后再重新开始。

只要分寸把握得当，在时间轮盘的冲洗下，情感疤痕就能得以消除。

1. 分手只是再见，断情别绝情

分手实在是件令人伤心和难过的事情，但每个人都有追求自己幸福的权利。

恋爱双方可能只有一方有分手的意思，这结果对另一方而言，注定就是伤害，被伤害的人是痛苦的，用情越是专一，疼痛也就越深。如果失去的爱情真的无法破镜重圆，那么长痛不如短痛。任何人都有资格也应该有能力寻找到属于自己的美好，时间的重大意义就在于它能够说明疼痛其实是一种非常玄妙的东西，只要有新的更纯真的爱情，痛苦就自然成为美好的回忆。即使不能成为美好的回忆也不要紧，因为你已经不痛了，"爱"是最好的止痛药，没有任何副作用，谁也替代不了。

对于提出分手的一方而言，虽然新的爱情会带来新感受，但原有的恋人抑或夫妻之间深层次的关爱消失了，蒸发在某个莫名的场面或一个叫作网络的怪物里，要挽回原来的那种和谐又需要很长时间的探索。尤其是到了老年，拥有陪伴自己一生的知心爱人，那种幸福感的确是很明显的。所以，即使有朝三暮四的原始心态，也要尽量考虑各种因素的利弊。还是回到那个心理学问题上，无法否认的是，爱情的厌倦随着时间的流逝必然逐渐累加，同时，习惯也在这个阶段累加起来，习惯和厌倦开始交战，若是习惯战胜了厌倦，两人就甜甜蜜蜜地继续相处；若是厌倦战胜了习惯，两人就不得不分手，这就是我们不能忽略的心灵的距离。但即使是分手，也曾有过美好的回忆和感觉，大可不必老死不相往来，也不必伤心欲绝。

阿维诺娃是俄国一位女作家，她有丈夫，也是 3 个孩子的母亲，而她却倾心于尚未婚配的、年轻的契诃夫。

一天，她通过《俄罗斯思想》杂志主编转交给契诃夫一个精致的小包裹。契诃夫惊奇地打开，一个漂亮的小盒子出现在眼前，盒子里装着一个小巧玲珑的金表坠子，它的样式是一本书的模型，封面上工整地写着《安东·契诃夫小说集》。他翻来覆去地看，又发现背面也有一行小字：第 267 页第 6 行和第 7 行。他机敏地按此暗示，翻到那一页，原来是《椰居》一文中的一句话："要是你什么时候需要我的生命，来，拿去就是了。"

这是一句再明显不过的爱情表白了。他想到了她柔美的容貌，丰富的感情和杰出的才华……然而，他却把这份贵重的礼品珍藏了起来，开始一番冷静的思考：她在爱着他，她的感情闸门已经向他开放；他了解她的矛盾和痛苦。这时，如果他俩都各自向对方迈进一步，那么，她的家庭就必然走向崩溃。作家是塑造人们灵魂的人，他应该具有更高尚的情愫，他捧给人们的应该是美丽的心灵和典范的形象……然而，他是喜欢阿维诺娃的，他需要她的友谊。于是，他给阿维诺娃回复了一封热情洋溢、却又充满理智的信。在信中，他坦率地指出她的作品中的缺点，并真诚地希望她的作品源源问世。

从此，两个人把彼此的欣赏和爱慕留在心底，彼此鼓励，各自写出更为经典的作品来。阿维诺娃的家庭仍然幸福美满，契诃夫也遇到了自己的幸福。而他们两个人，仍然是好朋友，尽管关系有一点微妙。

有的事情，不必做得太绝，人生在世，有什么事情非得兵戈相向呢？

2. 一切都会过去

现实人生里，没有人是像电影小说流行歌曲所形容那样幸福得可以一次恋爱就成功，永远不分开的。大多数人都是经历过无数的失败挫折才可以找到一个可长相厮守的人。

所以当你失恋时，当你们不可能永远在一起时，你应该告诉自己："还有下一次，何必去计较呢？"无论你这次跌得多痛，也要鼓励自己，坚强起来，重拾那破碎的心，去等待你的"下一次"。

艾佳有一天整理旧物，偶然翻出几本过去的日记。她翻了几页，都是些现在看来根本不算什么，可是在当时却感到"非常难过"、"非常痛苦"或是"非常难忘"的事。看了不觉好笑，艾佳放下这本又拿起另一本，翻开，只见扉页上写着："献给我最爱的人——你的爱，将伴我一生！我的爱，永远不会改变！"

看了这一句，艾佳的眼前模模糊糊地浮现出一个男孩的身影。曾经以为他就是自己的全部生命，可是离开校门以后，他们就没有再见面，她不知道他现在在哪儿，在做什么。她只知道他的爱没有伴自己一生，她的爱，也早已经改变。

许多人曾经以为只要好好爱一个人，就不会分手，现在才知道，你对他好，他也一样会爱别人。曾经以为自己不会再爱上第二个人，可是一旦你经历着一生中的第二次爱情，就会发现和第一次一样甜美，一样折磨人，一样沉迷，一样销魂刻骨。

人生是一个漫长的旅程。在这个旅程中，人们大都要经历若干级人生阶梯。这种人生阶梯的更换不只是职业的变换或年龄的递进，更重要的是自身价值及其价值观念的变化。在"又升高了一级"的人生阶梯上，人们也许会以一种全新的观念来看待生活，选择生活，并用全新的审美观念来判断爱情，因为他们对爱情的感受或许完全不同了。

因而人们应该尽可能在较成熟的阶梯上做一次性的选择。那种小小年纪便将自己缚在某一个异性身上的做法，显然是不足取的。所以，有一天当失恋的痛苦降临到我们身上时，也不必以为整个世界都变得灰暗，理智的做法应是给对方一些宽容，给自己一点心灵的缓冲，及时进行调整，用新的姿态迎接明天。

下面是大哲学家苏格拉底和一位失恋者的对话，其中闪现着智者对人生非凡的感悟和智慧，这对于那些身陷恋爱泥淖的人们定能带来一些启发。

苏："孩子，为什么悲伤？"

失："我失恋了。"

苏："哦，这很正常。如果失恋了没有悲伤，恋爱大概也就没有味道。可是，年轻人，我怎么发现你对失恋的投入甚至比恋爱还要倾心呢？"

失："到手的葡萄给丢了，这份遗憾，这份失落，您非个中人，怎知其中的酸楚啊！"

苏："丢了就丢了，何不继续向前走去，鲜美的葡萄还有很多。"

失："踩上她一脚如何？我得不到的别人也别想得到。"

苏："可这只能使你离她更远，而你本来是想与她更接近的。"

失："您说我该怎么办？我可真的很爱她。"

苏："真的很爱？那你当然希望你所爱的人幸福？"

失："那是自然。"

苏："如果她认为离开你是一种幸福呢？"

失："不会的！她曾经跟我说，只有跟我在一起的时候她才感到幸福！"

苏："那是曾经，是过去，可她现在并不这么认为。"

失："这就是说她一直在骗我？"

苏："不，她一直对你很忠诚。当她爱你的时候，她和你在一起；现在她不爱你，她就离去了。世界上再没有比这更大的忠诚。如果她不再爱你，却还装得对你很有情谊，甚至跟你结婚、生子，那才是真正的欺骗呢。"

失："可我为她所投入的感情不是白白浪费了吗？谁来补偿我？"

苏："不，你的感情从来没有浪费。因为在你付出感情的同时，她也对你付出了感情，在你给她快乐的时候，她也给了你快乐。"

失："可是这多不公平啊！"

苏："的确不公平，我是说你对你所爱的那个人不公平。本来，爱她是你的权利，但爱不爱你则是她的权利，而你却想在自己行使权力的时候剥夺别人行使权力的自由。这是何等的不公平！"

失："可是您看得明白，现在痛苦的是我而不是她，是我在为她痛苦！"

苏："为她而痛苦？她的日子可能过得很好，不如说你为自己而痛苦吧。"

失："依您的说法，这一切倒成了我的错？"

苏："是的，从一开始你就犯了错。如果你能给她带来幸福，她是不会从你的生活中离开的，要知道，没有人会逃避幸福。不过时间会抚平你心灵的创伤。"

失："但愿有这一天，可我的第一步该从哪里做起呢？"

苏："去感谢那个抛弃你的人，为她祝福。"

失："为什么？"

苏："因为她给了你寻找幸福的新的机会。"

经历了许多的人，许多的事，历尽沧桑之后，你就会明白：这个世界上，没有什么是不可以改变的。美好、快乐的事情会改变，痛苦、烦恼的事情也会改变，曾经以为不可改变的，许多年后，你就会发现，其实很多事情都改变了。而改变最多的，竟是自己。不变的，只是小孩子美好天真的愿望罢了！

挽回滑向冰点的感情

一对夫妇为了挽回他们处于危机的婚姻，相约做一次旅行。

他们来到一个山谷，山谷并无特别之处，只有一处引起了他们的注意：西坡上长满了松柏等树，而东坡只有雪松。因为当时正下着大雪，他们就支起了帐篷。结果发现：东坡上的雪总比西坡上的雪来得大，来得密，不一会儿，雪松上就积了厚厚一层雪。而当雪积到一定程度，雪松那富有弹性的枝丫就会向下弯曲，直到雪从枝丫上滑落。这样反复的积、弯、落，雪松完好无损。可其他的树因为没有这个本领，树枝就被压断了。

妻子把这一发现告诉了丈夫："东坡肯定也长过杂树，只是不会弯曲才被大雪摧毁了。"丈夫点头称是。少顷，他们好像都明白了什么，相互拥抱在一起。他们感受到了一个重要的启示："当婚姻遭受到裂变压力时，要尽可能地去承受，在承受不了的时候弯曲一下，像雪松一样让步，就不会被压垮。"

婚姻就像是在风暴咆哮的海面上航行的一条船，什么时候会有危险，什么时候会触礁，什么时候会翻船，全都是未知数，但可能性却又时时刻刻都存在。

导致婚姻危机的原因也是五花八门的：有感情因素，彼此不相爱，或一方不爱另一方；有生理因素，婚后不能生儿育女也会促使婚姻破裂；有外在因素，政治压力、家庭亲属的干扰；也有人离婚纯粹是由于太爱对方，为成全对方幸福而忍痛割爱。

英国作家王尔德曾说过："男人和女人因相互误解而结婚，因相互了解而分手。"他这句话当然说得过于偏激了点，但仔细想想，却也不无道理。因为有许多情况是必须到婚后才能了解的，而一旦了解之后，因双方认识上的不同、情趣上的差异等原因导致婚姻出现危机。

当然，婚姻出了危机也不是不能克服，许多婚姻半途中出现了危机，但由于来了段浪漫插曲，最终又往往重归于好，而且双方对于婚姻更为珍视。这是因为多年的感情就如同深深扎根在地底下的大树，是那些无根无性的野草浮萍无法比的。

出现裂痕的婚姻就像弹簧，如果让它承受太多的压力，就容易折断。适当的时候给自己减点压，必要的时候弯曲一下，通过夫妇双方的共同努力，切实做到以下几点，就能够战胜危机。

1.以情动人

一对新人结婚时家徒四壁，除了一处栖身之所外，连床都是借来的。然而女人却倾尽所有买了一盏漂亮的灯挂在屋子正中。男人问她为什么要花这么多钱去买一盏奢侈的灯，她笑笑说："明亮的灯可以照出明亮的前程。"他不以为然，笑她轻信一些无稽之谈。

渐渐地，日子好过了。两人搬到了新居，她却不舍得扔掉那盏灯，小心地用纸包好，收藏起来。

不久，男人辞职下海，有了钱，有了情人。他开始以各种借口外出，后来干脆就夜不归宿了。她劝他，以各种方式挽留他，均无济于事。

这一天是男人的生日，妻子告诉他无论如何也要回家过生日。他答应着，却想起漂亮情人的要求。犹豫之后，他决定去情人处过生日后再回家过一次。

情人的生日礼物是一条精致的领带。他随手放到一边，这东西他早已拥有太多。半夜时分他才想起妻子的叮嘱，忙急匆匆赶回家中。

远远看见寂静黑暗的楼房里有一处明亮如白昼，正是自己的家，一种遥远而亲切的感觉在心中升起。妻子就是这样夜夜亮着灯等他归来的。

推开门，妻子正泪流满面地坐在丰盛的餐桌旁，没有丝毫倦意。见他归来，她不喜不怒，只说："菜凉了，我再去热一下。"

当一切准备就绪之后，妻子拿出一个纸盒送给他，是生日礼物。男人打开，是一盏精致的灯。女人流着泪说："那时候家里穷，我买一盏好灯是为了照亮你回家的路；现在我送你一盏灯是想告诉你，我希望你仍然是我心目中的明灯，可以一直明亮到我生命的结束。"

男人终于回心转意。一个女人送一盏灯给自己的男人，应该包含着多少寄托与企盼！而他，愧对这一盏灯的亮度。

男人最终回到了女人的身边。

爱是一盏灯，不管它是否能照亮他的前程，但它一定能照亮一个男人回家的路。因为这灯光是一个女人从心底深处用一生的爱点燃的。

2. 用爱心平等地对待爱人

1848 年，大英帝国的维多利亚女王和她的表哥阿尔伯特公爵结了婚。和女王同岁的阿尔伯特比较喜欢读书，不大喜欢社交，对政治也不大关心。

有一次，女王敲门找阿尔伯特。

"谁？"里面问道。

"英国女王。"女王回答道。

门没有开。敲了好几次以后，女王突然感觉到了什么，又敲了几下，用温柔的语气说："我是你的妻子，阿尔伯特。"

这时，门开了。

在这个世界上，无论你在朋友还是在家人中间，记得要用爱心平等地对待别人，这样才能赢得别人的爱与尊敬。在爱情领域，两个人在人格上是没有什么差别的。

3. 婚姻的前提是容忍

容忍是经营婚姻的最好创意。

家政学校的最后一门课是《婚姻的经营和创意》，主讲老师是学校特意聘请的一位对婚姻问题颇有研究的教授。他走进教室，把随手携带的一叠图表挂在黑板上，第一张图很简单，上面用毛笔写着3行字：

婚姻的成功取决于两点：

找个好人。

自己做一个好人。

"就这么简单，至于其他的秘诀偏方，也至少是些老生常谈。"教授说。

台下有许多学生是已婚人士，教授的话刚落音，他们就议论开了，似乎对教授的说法有异议。过了一会儿，有位30多岁的女子站了起来，问教授："如果没有做到这两条呢？"

教授翻开第二张挂图，微笑着说："那就变成4条了。"

"第一条，容忍、帮助，帮助不好仍然容忍。"

"第二条，使容忍变成一种习惯。"

"第三条，在习惯中养成傻瓜的品性。"

"第四条，做傻瓜，并永远做下去。"

教授刚把这4条念完，台下就一片喧哗，有的说这是什么呀，有的说这根本做不到。等大家安静下来，教授说："如果这4条做不到，你又想有一个稳固的婚姻，那你就得做到以下16条。"

接着教授翻开第三张挂图。

①. 不同时发脾气。

②. 除非有紧急事件，否则不要大声吼叫。

③. 争执时，让对方赢。

④. 当天的争执当天化解。

⑤．争吵后回娘家或外出的时间不要超过 8 小时。

⑥．批评时的话要出于爱。

⑦．随时准备认错道歉。

⑧．谣言传来时，把它当成玩笑。

⑨．每月给他或她一晚自由的时间。

⑩．不要带着气上床睡觉。

⑪．他或她回家时，你一定要在家。

⑫．对方不让你打扰时，坚持不去打扰。

⑬．电话铃响的时候，让对方去接。

⑭．口袋里有多少钱要随时报账。

⑮．坚持消灭没有钱的日子。

⑯．给你父母的钱一定要比给对方父母的钱少。

教授念完，有些人笑了，有些人则叹起气来。教授听了一会儿说："如果大家对这 16 条感到失望的话，那你只有做好下面的 256 条了。总之，两个人相处的理论是一个几何级数理论，它总是在前面那个数字的基础上进行二次方。"

再看第四张图时，大家都愣住了。这一页已不再是用毛笔书写，而是用钢笔，256 条，密密麻麻。教授说："婚姻到这一地步就已经很危险了。"这时台下响起了更强烈的喧哗声。

不过在教授宣布下课的时候，许多人都坐在那儿没动，似乎还在思考教授讲的"婚姻的几何级数理论"。

如果失去健康，怎么办

闭上你的眼睛，想象你将再也无法用眼睛来感受这个世界：你失明了。回想你经历过最难受的胃痛，把它乘以十，想象你将再也无法摆脱如此的剧痛：你得了胃癌。顺着楼梯往上快跑，直到喘不过气来，想象以后你将永远只能如此困难地呼吸：你得了哮喘。回想背疼让你无法站立的时候，假想你所有的关节都如此疼痛：你得了关节炎。再次体验孩子出生时的喜悦和母亲离世时的悲伤，让情绪在这样的大喜大悲中起落3次：假设你得了狂躁症。不要让自己睡觉，直到脑子已经完全麻木，踮着脚尖在地上转啊转，直到你已经头晕目眩：假设你药物中毒……

—— 《赢在失败》（美）罗布·斯特恩斯

从小到大，谁都会有个头疼、感冒的，这些小病倒是没什么，可怕就怕"小病不断"，比如说口腔溃疡，大半年的犯这么一次，也是可以忍受的，可要是治好了没过几天就又开始了，那岂不是很让人烦？不过就算是"小病不断"，那也还可以接受，毕竟不会危及我们的生命，可要是有一天你突然患上了绝症，那怎么办呢？

1. 保持愉快的情绪

人们在患有疾病时，往往产生一系列的消极情绪反应，如孤独、忧郁、沮丧、紧张、焦虑、恐惧、苦闷、痛楚等。这些消极情绪对机体的健康十分不利。它会使人失去心理上的平衡，引起机体代谢发生一系列变化，造成代谢紊乱，加重病情。倘若调动积极愉快的情绪，则可以使患病的机体恢复健康。

清代有一位巡按大人，患有精神抑郁症，终日愁眉不展，闷闷不乐，几经治疗，终不见效，病情却一天天严重。经人举荐，一位老中医前往诊治。

老中医望闻问切后，对巡按大人说："你得的是月经不调症，调养调养就好了。"

巡按听了捧腹大笑，感到这是个糊涂医生，怎么连男女都分不清。之后，每想起此事，仍不禁暗自发笑，久而久之，抑郁症竟好了。

一年之后，老中医又与巡按大人相遇，这才对他说："君昔日所患之病是'郁则气结'，并无良药，但如果心情愉快，笑口常开，气则疏结通达，便能不治而愈。你的病就是在一次次开怀欢笑中不药而治的。"

巡按这才恍然大悟，连忙道谢。

许多人感到身体支持不住，往往症结在于心理。有些人不愿相信这个事实，变得无比的沮丧，甚至对一切失去了信心和兴趣，悲观、绝望；还有些人变得蛮不讲理，总是怒气冲天，把心中的不快变成怒火撒在亲人的身上。然而，无数事实证明，保持愉快的情绪，积极配合治疗对于恢复健康是非常重要的。

卡尔·赛蒙顿医生是一位专门治疗晚期癌症病人的专科医生，有一次他为一位61岁的喉癌病人治疗，当时这名病人因为病情的影响，体重大幅下降，瘦到只有40多千克，癌细胞的扩散使他无法进食。

赛蒙顿医生告诉这位患者，自己将会全力为他诊治，帮助他对抗恶疾。同时，每天将治疗进度详细告诉他，并清楚讲述医疗小组治疗的情形，及他体内对治疗的反应，使病人对病情得以充分了解，并缓解不安的情绪努力与医护人员合作。

结果治疗情形好得出奇。赛蒙顿医生认为这名患者实在是个理想的病人，因为他对医生的嘱咐完全配合，使得治疗过程进行得十分顺利。赛蒙顿医生教这名病人运用想象力，想象他体内的白细胞大军如何与顽固的癌细胞对抗，并最后战胜癌细胞的情景。结果两个星期后，医疗小组果然抑制了癌细胞的破坏性，成功地战胜了癌症。对这个杰出的治疗成果，就连赛蒙顿医生也感到十分惊讶。

其实，这就是心理因素所起到的积极作用。要记住，自己才是生命的主宰者，如果你自己都选择了放弃，那么没有药物，也没有人能够改变你的命运。

就像赛蒙顿医生对更多的癌症病人所说的那样，"你对自己的生命拥有比你想象的更多的主宰权，即使是像癌症这么难缠的恶疾，也能在你的掌握中。"

2．点燃希望的灯

美国作家欧·亨利在他的小说《最后一片叶子》里讲了这样一个故事：病房里，一个生命垂危的病人从房间里看见窗外的一棵树的树叶，在秋风中一片片地掉落下来。病人望着眼前的萧萧落叶，身体也随之每况愈下，一天不如一天。她说："当树叶全部掉光时，我也就要死了。"一位老画家得知后，用彩笔画了一片叶脉青翠的树叶挂在树枝上。最后一片叶子始终没掉下来。只因为生命中的这片绿，病人竟奇迹般地活了下来。

人生可以没有很多东西，却唯独不能没有希望。希望是人生存的支柱，有了希望，生命之树才会常青！

很多人就是因为对治愈疾病一直抱有希望，才会忍住病痛的折磨，坚持着活下来。而当你心中的希望之火熄灭了，停止了追寻生命的步伐，死亡之神的脚步也就近了。

从前，有这么一个故事说，一老一小两个相依为命的瞎子，每日里靠弹琴卖艺维持生活。一天老瞎子终于支撑不住，病倒了，他自知不久将离开人世，便把小瞎子叫到床头，紧紧拉着小瞎子的手，吃力地说："孩子，我这里有个秘方，这个秘方可以使你重见光明。我把它藏在琴里面了，但你千万记住，你必须在弹断第一千根琴弦的时候才能把它取出来，否则，你是不会看见光明的。"小瞎子流着眼泪答应了师父。老瞎子含笑离去。

一天又一天，一年又一年，小瞎子用心记着师父的遗嘱，不停地弹啊弹，将一根根弹断的琴弦收藏着，铭记在心。当他弹断第 1000 根琴弦的时候，当年那个弱不禁风的少年小瞎子已到垂暮之年，变成一位饱经沧桑的老者。他按捺不住内心的喜悦，双手颤抖着，慢慢地打开琴盒，取出秘方。

然而，别人告诉他，那是一张白纸，上面什么都没有。泪水滴落在纸上，他笑了。

老瞎子骗了小瞎子？

这位过去的小瞎子如今的老瞎子，拿着一张什么都没有的白纸，为什么反倒笑了？

就在拿出"秘方"的那一瞬间，他突然明白了师父的用心，虽然是一张白纸，但却是一个没有写字的秘方，一个难以窃取的秘方。只有他，从小到老弹断 1000 根琴弦后，才能领悟这无字秘方的真谛。

那秘方是希望之光，是在漫漫无边的黑暗摸索与苦难煎熬中，师父为他点燃的一盏希望的灯。倘若没有它，他或许早就会被黑暗吞没，或许早就已在苦难中倒下。就是因为有这么一盏希望的灯的支撑，他才坚持弹断了 1000 根琴弦。他渴望见到光明，并坚定不移地相信，黑暗不是永远，只要永不放弃努力，黑暗过去，就会是无限光明。

3. 坚持，就能等到樱花盛开的时节

我们在经历病痛的折磨，叹息生命的脆弱，感叹人生的无常时，其实更应该珍爱自己的生命，要知道：坚持，就有希望；坚持，就能等到樱花盛开的时节。

有一个 10 多岁的女孩儿患了绝症，她苍白的脸上无一丝血色，骨瘦如柴，由于极度的消瘦，她的眼睛显得格外的大，在那大大的却略显疲惫的眼睛里，时不时地会露出少女特有的羞涩和灵性。

女孩天天在盼望着自己能尽快地好起来，尽管病情一天天加重，但女孩对生命充满了希望，她忍受着巨大的痛苦，用柔弱的奄奄一息的生命和病魔做着最激烈、最顽强的抗争。

女孩从来没有想过自己将不久于人世，她总是在问："我的病什么时候能好？"她也总是在说："我的病会好的。"

女孩喜欢樱花。她躺在床上，春日的阳光极尽温柔地洒在她的脸上。她说："春天来了，樱花快要开了。"每当说起樱花，女孩的脸上总是荡开梦幻般的清纯的笑容，甜甜的，不带一丝的忧伤。

女孩说："每到樱花开时，她都要穿上漂亮的裙子到中山公园、到八大关去看樱花。今年，妈妈已给她新买了一条红裙子，等到樱花开时，她要穿上漂亮的红裙去看樱花。"

女孩就这样一日一日地坚持着，一日一日地忍耐着，一日一日地等待着，一日一日地期盼着，用难以想象的毅力和坚强，忍受着针药的痛苦，忍受着疾病的折磨。

樱花终于在最明媚的春日里开放了，女孩穿着红裙子最后一次看到了樱花，之后，她静静地走了。

有很多人在说：生命是一种苦难的旅程，活着是一种痛苦的煎熬。为了更好地证明这种说法，有人举出了人初到这个世界时，发出的第一个声音是哭泣，而不是笑的事实。可是，几乎没有几个人愿意过早地离开这个世界，尽管死亡是人生逃脱不了的终结。我们绝大多数人，都会像女孩一样，珍惜自己的生命，期盼自己的生命能够长久一些，更长久一些。

如何应对欺骗

吴先生在他们家乡一带是有头有脸的人物，颇有一些家产，家族中人都以他为荣。

有一次，朋友介绍他认识一位来自上头的"要人"，这人相貌堂堂，举止不俗，中英日文朗朗上口。这个人说是中央某部长的表弟。对这样一个有来头的人吴先生当然巴结奉承唯恐不及。这人还说，如果有什么困难需要帮忙的，他会尽力协助解决。

过了半个月，这个人送给吴先生一张经理签名的照片，然后说他正筹备一家进口公司，准备采购供应国内建设的材料，"很有赚头"，不过因为手头资金不宽，需要数百万元才能解决困难，如果吴先生愿意帮忙，他愿意让他成为股东，每年分红……

吴先生不禁心动，隔天就提了200万元给那位先生，谁知自此之后那人就再也没有出现，他的朋友也成了受害人……

这是一桩诈骗案！

诈骗案有很多种形式，这一桩是其中的一种，虽然谈不上"代表性"，但骗人者对人性的掌握及被骗者所表现出来的人性弱点，却和其他很多案件大同小异，甚至可以说是"根本一样"！

以这桩诈骗案来说，骗子掌握了人性的几个特点：

第一，以貌取人

虽然大家都知道以貌取人是不正确的，可是由于对对方的资讯缺乏了解，因此还是依赖外貌作为判断的标准。另外，人对美的东西本来就具有好感，对自己所缺乏的，也有因为自卑而产生的崇仰。因此长得好看的人，很容易得到别人的信任与好的印象，如果这个人还在衣着上下功夫，那么就更吃香了，人们明知这可能是假象，但就是无法抗拒地相信对方！

第二，攀权附贵

人总是往高处爬的，除了希望多赚一点钱之外，也希望自己的地位能够提升，获得更多的"尊敬"，因此对一个地位卑下或没有"出路"的人，"权贵"的出现无疑是天赐良机，也无暇去了解这个人背景的真假，更无力去抵抗"权贵"的光晕，对"权贵"的一言一行，便100%地相信、顺服。

第三，贪小便宜

对小便宜有坚定抗拒力的人不太多，因为"小便宜"不用花力气就可得到，符合人好逸恶劳的天性，因此"小便宜"也就成为操作运用人性时最有力的诱因；人一方面怀疑"天下哪有那么好的事"，却又不由自主地相信，并认为"不拿白不拿"，很多人受骗上当都是因为如此！而会上这种当的不一定是物质匮乏的人，连生活优裕的人也难以幸免。

第四，听信美言

所谓"美言"是指"美丽的言辞"，包括对"远景"美丽的陈述及对人"美丽"的话，赞美、附和等。人都是好喜不好忧的，因此总是期待、相信美丽的远景，这种虚假的远景经过多次的重复之后，听者便会信以为真，并产生一种憧憬。至于对人的"美言"，说穿了，也是为了满足对方的自尊及虚荣，听者或许一开始不以为然，但说了3次之后，自己便无法克制地沾沾自喜了。这正是"美言"最厉害，也最危险的地方！

诈骗案的发生都是以这几种人性特点作为"设计"基础的，吴先生的被骗也是如此，没有值得大惊小怪的地方！

所以，在平日里要有针对性地应付经济诈骗的同时，还要提高警惕，守住自己的弱点，免得被人乘虚而入，钻了空子。

1. 怎样应对一些经济诈骗

懂得经济诈骗者的惯用骗术，在以下这些活动中提高警惕，就可以防止其骗术在你的活动中出现。

（1）利用合同诈骗：这是犯罪分子常用的诈骗手段之一。在通常情况下他们一般先成立一个皮包公司（甚至虚构一个公司，公司往往从外表上能起到掩人耳目的作用），然后他们便与你签订购销合同，向你购货，货到后按月结款。先前的几次小数额交易，他们都会及时付款。别急，这只不过是骗你信任的手段而已，他们一般都会在最后一次要上一大批货后便人间蒸发，或是付少量订金拿走大批货物后消失在茫茫人海中。

（2）利用空头支票诈骗：在其作案初期，诈骗者不会马上使用空头支票，而是先用现金进行小数额交易，以赢取你的信任，等你对他完全信任之时，他便会表示，想做大点，多拿点货，带现金不方便，希望能以支票交易，最后拿到一大批货物后，在支票到期前人去楼空，从而诈骗多家当事人。

（3）利用金蝉脱壳诈骗：诈骗者通常会先租用一个商铺或是出租屋，甚至是空地，然后要求你送货到其租用的地方，并佯称卸完货后再带你去收取货款，可在途中，他们往往会想尽办法借故离开，等你发现不妥返回卸货地点时，货物早已被人全部运走。

（4）利用传真电汇单骗钱：骗子向你购货，并把电汇单传真给你，待款到后发货。前几次交易都正常进行，等得到你的信任后，他们便急着要货，要求你收到传真后先发货，待货发出后，他们便马上到银行终止这笔汇款，利用传真电汇单与实际到账时间的时间差实施诈骗。

（5）利用运输诈骗：有的货物运输企业在管理上不完善，会被不法分子所利用。骗子的手段一般是：先由一人在外地租房安装电话、专门负责接听电话，再伪造一假证件及假车牌，然后将假车牌装在货运车上，并在停车场等候，当你租用其汽车时，他们就以虚假的身份与货运部签订"运输协议"，帮你运货，从而将货运部的货物骗走。

（6）利用偷龙转凤诈骗：诈骗者会先打电话给你，称有某种货物供应，并以一个比较优惠的价格吸引你，当你同意进货时，他们则要求你要先办一张汇票，传真过来，以证明自己的资金实力才肯发货。他们收到汇票的传真件后便克隆一张一模一样的汇票，然后佯称已发货，并来到你的公司要求验真票才能提货，就在验真票的时候他们便用克隆的假票偷换真票，再推说货要明天到，到时候一手交钱一手交货。

（7）利用运输车藏暗格进行诈骗：在送货过程中，骗子们在运货的汽车中安装一个装水或者装沙的暗格，过完磅后，把货物运到你指定的地方卸下，在此过程中，偷偷把水或沙放掉，这样就等于加重了货物的重量。这种手段主要针对建筑、有色金属等行业。

（8）利用以代销为名进行诈骗：这类诈骗多发生在铝材行业和陶瓷

行业。他先注册一间公司,然后声称自己怎样有实力,销售能力如何强大,接着先帮你买小量货进行销售,在得到你的信任后,便大量地要货先销售后付款,金额越滚越大,就这样把你的钱给"滚"走了。

2. 正视自己的弱点,躲避别人的陷阱

人类社会固然有光明的一面,但也有充满诡诈、欺骗的黑暗面。为了生存,有的人什么事都做得出来。这是人之常情,没什么好奇怪的。

在那么多求生存的方法中,有一种让人防不胜防的就是陷阱,如果你看过猎人所设的陷阱和鸟兽的误入陷阱,你就了解了人类社会中陷阱的可怕,所以在社会上行走,如何认识陷阱、避免踏入陷阱是不可不知道的。

说实在话,要认识陷阱相当不容易,因为陷阱都经过设计、伪装,真真假假、虚虚实实,就像猎人的陷阱,上面都要覆上树枝草叶,让路过的动物看不出来。

要认识陷阱不容易,但要了解陷阱的本质却不难。

陷阱形形色色,无法予以归类,但制造陷阱却有一个最高原则,也就是:

——利用人性的弱点。有一个商界的人,他各方面条件都很好,头脑也很清楚,不像个会上当受骗的人,但他有个弱点,就是好色!年轻时常换女朋友,结婚后也不时在外寻花问柳,看到漂亮的女同事就想一亲芳泽,后来他离了婚,花在女色上的精神和金钱也就更可观了。有一次,五六个朋友带他到温柔乡,美女在怀,黄汤下肚,迷迷糊糊中应怀中美女的要求,在一张支票上签字。隔天他才发现事态严重,但已来不及挽救,这一签字,让他白白损失了 1000 多万……

这是个好色而陷入陷阱的例子。好色是他的弱点,因此一看到美色,他就会有飞蛾扑火,几近丧失理智的举动。看起来很不可思议,但实情就是如此。

因此,如果你有好美色的性格,那么就要小心踏入"美人计"的陷阱,很多政坛人物被政敌搞下台都是因为好色,实例很多,绝对不是吹牛。

人性的弱点除了好色之外,还有:

——好钱。一听说有钱可赚,不管是不是不义之财或卖命之财,就立

刻昏了头，根本不考虑会不会有后遗症，是不是有风险。政坛人物有些因金钱丑闻而下台，其实是政敌设下了陷阱；商人为贪大利而合伙，结果对方一走了之；女人贪钱而失身，赔了夫人又折兵。这些都是运用人性中"好钱"而设计出来的陷阱。

——好赌。一听说有赌局，精神就来了。利用这种好赌弱点而设计的陷阱便是出老千，把你的钱赢光，而你只会怨叹自己赌运不好手气差。电影常有类似的故事，其实并不只是故事，这种老千陷阱根本就是事实！

以上三种人性的弱点最易让人失去理性，因此也最容易让人设计陷阱，而一入这种陷阱，损失也最大。此外，诸如心肠太软、耳根子轻、易怒、好吃、贪杯……也都是别人设计陷阱的"材料"！那么该怎么办呢？是否从此不要与别人交往了？社会上的陷阱固然处处有，但也不是时时会碰到，如果你光明正大，脚踏实地，不痴心妄想，便可减少碰到陷阱的机会，而最重要的是：

——正视、了解你的弱点。

也就是说，要知道自己的弱点在哪里，因为这是你防卫力量最弱的地方，如果你不能去除这种弱点，至少也不要让别人知道，这样"敌人"就无从对你下手了。

第六章

化解难题的智慧

摆脱环境中自杀的困扰

　　自杀是个人精神或情绪的困扰厉害到难以控制自己而彻底"精神崩溃"的表现。它一般始于心理挫折，发生于正在摆脱抑郁的心理冲突的过程中。这种意念可能是延续短短几天，也可能拖上数月，甚至几年。

　　如今，自杀已成为现代社会病之一。丹麦是被誉为世界上生活很舒适的"福利国家"，然而，人们发现丹麦人自杀的人数也是创纪录的。它的自杀率分别是英国、挪威的3倍，居西欧之冠。在美国，自杀已被列为第九位死因。

　　有关研究表明，过去自杀者多系老年人，而现在自杀者的年龄如同犯罪年龄一样日趋年轻化。

　　从现实情况分析，自杀起因有如下一些心理因素：

　　第一，厌世感。怀才不遇，忍辱负重，屈服于外界压力，受到不公正的待遇，又无力抗争，自感"低人一等"，失去学习或生活乐趣，把自己看成"多余的人"，为度日如年而自杀。

　　第二，极乐感。择偶受干扰，不能爱自己所爱，或婚后婚姻不美满，或第三者涉足家庭，为摆脱情感的痛苦而自杀。或者因为婚外情，追求"生不成夫妻，死后同穴"的"极乐世界"而自杀。

　　第三，罪孽感。平时作恶多端，横行乡里，罪行累累，深知法网恢恢，罪责难逃，为了逃脱惩罚而畏罪自杀。

　　第四，冲动感。在家庭父子之间、夫妻之间、兄弟之间、叔伯之间，或工作单位同事之间和社会的邻里之间，由于争吵怒气难消，尤其自感"吃亏"、"气不过"，由于一时感情冲动丧失理智而自杀。

　　第五，失落感。自尊心人人皆有，尤其对于一向"广播有声，报纸有名"的名人，倘若屡遭挫折，名落孙山，容易自认为"无颜见江东父老"，极端的自尊心也可能驱使他（她）自杀。

第六，从众感。一些平日称兄道弟、讲"江湖义气"的犯罪团伙，一旦为首者产生邪念，其他成员易言听计从，盲目从众而自杀。

1. 时运不济也不绝望

李·艾柯卡曾是美国福特汽车公司的总经理，后来又成为克莱斯勒汽车公司的总经理。作为一个聪明人，他的座右铭是："奋力向前。即使时运不济，也永不绝望，哪怕天崩地裂。"他 1985 年发表的自传，成为非小说类书籍中有史以来最畅销的书，印数高达 150 万册。

艾柯卡不光有成功的欢乐，也有挫折的懊丧。他的一生，用他自己的话来说，叫作"苦乐参半。"1946 年 8 月，21 岁的艾柯卡到福特汽车公司当了一名见习工程师。但他对和机器做伴、做技术工作不感兴趣。他喜欢和人打交道，想搞经销。

艾柯卡靠自己的奋斗，终于由一名普通的推销员，当上了福特公司的总经理。但是，1978 年 7 月 13 日，他被妒火中烧的大老板亨利·福特开除了。当了 8 年的总经理，在福特工作已 32 年，一帆风顺从来没有在别的地方工作过的艾柯卡，突然间失业了。昨天他还是英雄，今天却好像成了麻风病患者，人人都远远避开他，过去公司里的所有朋友都抛弃了他，这是他生命中最大的打击。"艰苦的日子一旦来临，除了做个深呼吸，咬紧牙关尽其所能外，实在也别无选择。"艾柯卡是这么说的，最后也是这么做的。他没有倒下去。他接受了一个新的挑战：应聘到濒临破产的克莱斯勒汽车公司出任总经理。

艾柯卡，这位在世界第二大汽车公司当了 8 年总经理的事业上的强者，凭他的智慧、胆识和魄力，大刀阔斧地对企业进行了整顿、改革，并向政府求援，舌战国会议员，取得了巨额贷款，重振企业雄风。1983 年 8 月 15 日，艾柯卡把面额高达 8.1348 亿多美元的支票交到银行代表手里。至此，克莱斯勒还清了所有债务，而恰恰是 5 年前的这一天，亨利·福特开除了他。

如果艾柯卡不是一个坚韧的人，不敢勇于接受新的挑战，在巨大的打击面前一蹶不振、偃旗息鼓，那么他和一个普通的下岗工就没有什么区别了。正是不屈服挫折和命运的挑战精神，使艾柯卡成为一个世人所敬仰的英雄。

2. 在绝境处寻找生机

田纳西州著名的银行家普雷斯顿，在他 25 岁时，之所以能从查塔诺加一家小银行的打杂工升至经理，正是运用了这个方法，他把自己的银行从破产的边缘挽救了过来。在那令人恐慌的 1893 年里，查塔诺加的 17 家银行倒闭了 10 家，于是各家银行顿时爆发了挤兑风潮。当焦急的存款人在普雷斯顿的银行门口挤得水泄不通时，他"既不恳求也不申辩"，绝对不！他当时很清楚，只要他能够平息这一挤兑风潮，他的银行就绝不会倒闭。于是他向大家宣布，凡要求兑现者，无论金额多少一律照兑。关键是——接着他又宣称——凡是不信任他的银行的存户一概不予接受。有一个客户想试探一下他是否在虚张声势，普雷斯顿便亲自领他到库房，点了 16000 美元，一定要他带回家去。相持许久之后，那个人恳求他继续替他保管，然后他跑出银行告诉大家，说他们简直都是一群傻子。

被失败击败，才是真正的失败。

每个人都要经历失败，或迟或早，这不是不祥的预言，而是人生不可或缺的一课，世界上没有一帆风顺的事，屡败屡战是走向成功的唯一途径。

3. 及时预防自杀

有意自杀的人通常是充满心理矛盾的，既想自杀又想生活下去。大多数考虑自杀的人在表现中难免流露出蛛丝马迹来。如有的会在自杀前的某个时候谈到自杀；或者在日常生活中一反常态，表现出厌世的情绪，饮食和睡眠毫无规律，反叛行为特别明显、情绪喜怒无常等。因此，只要做人有心，自杀的预防是完全可能的。

美国心理学家布思和埃克特兰德认为，下列因素有助于确定自杀的可能性：

(1) 年龄。有意自杀的人年纪愈大，死亡的危险性也愈大。

(2) 性别。尽管企图自杀的妇女大约是男人的三倍。但是男人自杀身亡的数目大约是妇女的 3 倍。

（3）自杀安排。自杀的安排愈具体，方法愈致命，危险愈大。

（4）得到援助的来源。人们在危机中得到援助的来源愈少，自杀的危险性愈大。

我国自杀事件时有发生，为了预防自杀，要注意以下几点：

（1）重视家庭的健全。国外研究资料表明，家庭有时是自杀发生的罪魁祸首同时又是其牺牲品，大约 50% 的自杀是因为家庭破裂。即使是完整无缺的家庭，当生活变得杂乱无章和缺乏交流时，它应有的功能也将消失殆尽。同时父母有自杀行为，子女自杀的可能性也大大增加。事实上，体验过家庭成员自杀行为的人，其自杀的可能性将是同龄人的 9 倍。

（2）增强发现异常行为的敏感性。根据众家之言，能首先发现自杀者有异常行为的往往是其亲朋好友。因为在与其日常交往过程中，他们不仅有识别不良行为的能力，并且有中断这种行为的绝好机会。

（3）及时进行心理疏导。有条件的话，以社区为单位或以每一个居住区组成一支由心理学家、医务人员以及社会工作者组成的咨询小组，负责对有麻烦的人进行心理疏导，以维护和促进其心理健康，防患于未然。

4. 总有理由要活着

执着对待生活，紧紧地把握生活，但又不能抓得过死，松不开手。人生这枚硬币，其反面就是这一理论的另一要旨：我们必须接受"失去"，学会怎样松开手。

这种教诲是深刻的。尤其是当我们正年轻的时候，满以为这个世界的一切都是美好的，满以为我们全身心投入所追求的事业一定会成功。而生活的现实仍是按部就班地走到我们面前，于是，这第二条真理虽是缓慢的，但也是确凿无疑地显现出来。

不要枉费生命，要少追求物质，多追求理想。因为只有理想才赋予人生意义，只有理想才使生活具有永恒的价值。

世界歌坛巨星胡利奥·伊格莱西亚斯如果不是因为乐观，有勇气，有坚强的意志，可能他还只是一个无名的残疾人。

1963 年 9 月，在他 20 岁生日前不久，胡利奥和 3 个朋友开车沿近郊公路回马德里的家去，汽车在一个转弯处翻到了路边田里。

由于这次翻车事故，胡利奥开始感觉胸腔及两肋时有短暂锐利的刺痛，痛时浑身发抖，喘不过气来。他父亲是医生，感觉不妙，带他到市内各诊所及医院的专家处求医。X光摄影找不出病因，有的医生诊断为有根神经受挤压，有的医生则说完全是心理作用。

事实证明，这不是心理作用，他的体重减少了，只有48公斤，卧床不起。经常通宵不眠，咬唇抱膝而坐。他弟弟卡洛斯回忆说："我们眼看着一个精力充沛的运动员逐渐瘦弱下去。"

有一天夜里，胡利奥的膀胱功能停止，那是瘫痪的最初征兆。第二天早晨，他被送进医院时已是患截瘫的病人。检查脊柱的结果显示有一个肿瘤。医生说，可能因车祸严重受伤而加速了其成长，这个非癌性的肿瘤包住了第7个脊柱，造成瘫痪。经过手术割除后他出院回家，腰部以下仍然不能动，这种病情康复的前景不大乐观。他可能在几年后恢复少许活动力，也可能终生残疾。

然而，谁也没料到这个青年乐观自信的决心。依照一个神经外科医生的指示，胡利奥练习由脑对每一个脚趾发出命令。他日夜不断地轻声唱道："动啊，该死的！"但没有一个脚趾能动。他说："我就像快要沉没的船上的报务员，不断拍发没有回音的电报。"

做完手术两个月后，妈妈、爸爸和弟弟突然听到胡利奥大叫："大家都快来！"他们跑到他房里，见他欣喜若狂地指着脚，高兴地说："快看！"大脚趾往下轻轻地动着，一下、二下、三下……从那时起，胡利奥坚信他可以完全康复。手术后4个月，胡利奥站在地板上，抓住公寓狭窄过道中特别装置的扶手，气喘吁吁，努力练习举步。父亲怕他太吃力，劝他休息。他说："爸爸，我必须练。"

他做到了。经过90分钟的努力，胡利奥走出康复的第一步。

他每天的目标是比前一天多走一步，而且总能达到目标。为了加强体力，他每天在过道中不断爬行四五个小时，夏天在他家的海滨别墅中，他拄着拐杖在沙滩上走，每天早晨又在地中海中筋疲力尽地游三四个小时。到那年秋季，他进步到可以使用手杖。再过几个月，手杖也不用了，他每天步行达10公里。

胡利奥的身体状况不断有进展，1968年春季他毕业于法学院，有意进入外交界。那时，音乐仍只是消遣。但他根据自己长期孤独地与瘫痪做斗争的经历，写出了他的第一首歌《生命照常进行》：真朋友很少，得意时人都来颂扬，失意时，你就知道，好朋友还在，别的全走了。

同年7月，在西班牙最重要的流行歌曲比赛——每年一届的西班牙民歌节中，他怀着疑惧心情出场，唱出这首歌，荣膺冠军。此后，西班牙少了一块外交材料，却多了一名歌手。这首歌风行全国，也成为一部西班牙电影的片名。他担任这部影片的主角，一跃而成为电影明星。

胡利奥昔日的瘫痪已成过去，没留下不良后果。他回忆往日的苦境，觉得因祸得福。"我在音乐方面取得的成就完全由于那次苦难。"他现在身体健康，精神愉快，而且名利双收。这正证明了他在第一首歌《生命照常进行》中所唱的：总有理由要生活。

用幽默解除尴尬

有一位身材瘦小的男教师走上讲台时，学生们有的面带嘲讽，有的则交头接耳取笑。

面对这样的情况，这位老师扫视了一下大家，然后微笑地说："上帝曾对我说过，当今人们做事没有计划，盲目地关注无关紧要的方面，如此下去，将会有严重的后果，我警告无效，你先去人间做个示范吧！"

有这样一位幽默的老师存在，同学们当然只有哄然一笑，然后就鸦雀无声。但很显然他们都被老师的幽默智慧所折服了，已经忘了他身材上的缺陷了。

老师用自己的幽默摆脱了尴尬，还为自己赢得了大家的尊重，如果他当时听到同学的取笑就勃然大怒，从此对学生管教甚严，那就会增加学生的逆反心理，学生也绝不会尊重他。

幽默是人类最美丽的一种语言，它没有锋芒，却有无穷的力量。对疲乏的人们，幽默就是休息；对烦恼的人们，幽默就是解药；对悲伤的人们，幽默就是安慰；对处境尴尬的人们，幽默就是最好的台阶……没有幽默，生活和工作都将了无乐趣，人和人的关系会更加冷漠，人类的感情世界将变得毫无生气。

很多时候，面对问题，采取幽默的方式往往能收到出人意料的效果，这比一本正经、规规矩矩地去处理要好得多。

下面讲给大家的则是更多的解除尴尬的方法。

1．用自嘲解除尴尬

丘吉尔有个习惯，一天之中无论什么时候只要一停止工作，就爬进热气腾腾的浴缸中去泡一泡，然后光着身子在浴室里踱步，一边思考问题，一边让身体放松放松。

有一次，丘吉尔率领英国代表团到美国去进行国事访问，他们受到热情款待。为了方便两国领导人的交流，组织者安排丘吉尔下榻在白宫，与美国总统罗斯福离得很近。

一天，丘吉尔又像往常一样泡在浴缸里，而后光着身子在浴室里踱步。当时，世界反法西斯战争进行得如火如荼。丘吉尔在思考着战场上的形势，以及如何同美国联手对付德国法西斯。想着，想着，他已经忘了自己在什么地方，而且还是光着身子。

碰巧，罗斯福有事来找丘吉尔，发现屋里没人。罗斯福正要转身离去，听见浴室里有水响，便走过来敲浴室的门。

丘吉尔正在聚精会神地考虑问题，听见有人敲门，本能地说了一句："进来吧，进来吧。"

门打开了，美国总统罗斯福出现在门口。罗斯福看到丘吉尔一丝不挂，十分尴尬，进也不是，退也不是，索性一言不发地站在门口。

此时，丘吉尔也清醒了。

丘吉尔看了看自己，又看了看罗斯福，急中生智地说道：

"进来吧！总统先生。大不列颠的首相是没有什么东西可对美国总统隐瞒的！"

说罢，这两位世界名人不约而同地哈哈大笑。

在有些尴尬的场合，恰如其分地自嘲能使自尊心通过自我排解的方式受到保护，而且能体现出说话者宽广大度的胸怀。

爱因斯坦是举世闻名的科学家，但他从不注重自己的着装。

爱因斯坦第一次来到纽约，在大街上遇到了一位老朋友。这位朋友见爱因斯坦衣服破旧，便说：

"你看你的大衣，又破又旧，换件新的吧。怎么说你也是知名人士呀！"

爱因斯坦笑了笑说：

"没关系，没关系。我刚来到纽约，这儿没有几个人认识我。"

几年后，爱因斯坦和他的相对论都已名声大噪。巧的是，爱因斯坦又和他的那位朋友在街上相遇了，更巧的是，爱因斯坦还是穿着那件"又脏又破"的大衣。这一次，爱因斯坦不等朋友开口，便自嘲道：

"这次更不用买新大衣了，全纽约的人都已经认识我了。"

尴尬场合，恰如其分地运用自嘲可以平添风采。当然，自嘲要避免采取玩世不恭的态度。具有积极因素的自嘲包含着自嘲者的自尊、自爱。自嘲实质上是当事人采取的一种貌似消极、实为积极的促使交谈向好的方向转化的手段。

此外，运用自嘲还要审时度势，相机而用，比如在对话答辩、座谈讨论、调查访问中，就不宜使用。

2．以退为进化解尴尬

沈从文 26 岁那年被聘请到某一学校任教。

这位只念过小学的大文豪，作品充满飘逸的灵气，加上天生的创作才情，作品一发表总会震动文坛，当时他在上海已经小有名气。

但是，名气与胆量不一定成正比。在他第一次走上讲台时，教室内除了该班学生，还挤满了许多慕名而来的旁听生。

教室里安静无声，每个人都期待大作家的第一句话。

没想到沈从文却完全默不作声，静静地站在讲台上足有 10 分钟。

终于，在他吐了口气之后，宣布正式开始上课。

不过，原本整整的一堂课，沈从文上了10分钟就结束了，当然下课钟声也还没响起。

这时，他拿起粉笔，在黑板上写下："今天是我第一次上课，人实在太多，所以我有点害怕。"

当句点划下的那一刻，教室内响起热烈的掌声与笑声，因为他的诚恳和憨直，惹得学生更加的喜爱与怜惜。

胡适知道这件事后，对于沈从文的坦言与率直，更是赞誉有加，他相信沈从文一定能胜任这份工作。

面对尴尬，有人喜欢以自嘲解脱，有人则会以谦卑退守，这些方法皆可行，但是千万不要无止境地退缩下去。

故事中，沈从文诚实地把自己的窘态说出来，反而更能让人感受这个文人的率真。当他放下师长的面子，退一步与学生沟通的同时，其实他是进一步缩短彼此沟通的距离，让同学感受到他的真诚与亲和力。

延伸到生活中，当对手以激将法，要让你恼羞成怒时，我们千万别上当。只有先退一步，看清对手设下的陷阱，我们才能安全地继续前进。

3. 把烫手的山芋转送给别人

有时候，自己手里的"烫手山芋"只要稍微包装一下，还有可能会变成一份顺水人情，让下一个接到它的人感激不尽。

有一次，苏联领导人赫鲁晓夫率代表团到南斯拉夫参观访问，随行的有苏联政府部长会议副主席米高扬等苏联代表团成员以及一大群各国记者。一行人乘汽车在公路上行驶着，突然意外的事情发生了：赫鲁晓夫乘坐的那辆汽车的一个轮胎放了炮，汽车顿时停了下来。主宾的车瘫痪，前后所有的汽车或堵或停，都横在路边。

在如此重大的国事活动中出了这样的事，可谓爆炸性新闻。记者们兴奋地抓住这个消息，都准备尽快发出去；南斯拉夫总统铁托派来的随行人员见此情景急得满头大汗，因为汽车是东道国特意为赫鲁晓夫准备的。他们急忙七手八脚抢修汽车；一行人都站在路边，等着汽车修好。苏联国家元首和众多各国记者静静地干等坏了的汽车修好，这使南斯拉夫总统铁托更加难堪。

　　赫鲁晓夫站在一旁，心里非常清楚，如果就这样等着，再让记者们把这件事报道出去，不但会使主人铁托和南斯拉夫政府极为难堪，而且自己也觉得尴尬。于是，他灵机一动，转过身去，笑嘻嘻地向一旁的米高扬挑战，问米高扬敢不敢在路边和自己比赛摔跤。总书记叫阵，米高扬欣然而从。顿时，两人就在路边众目睽睽之下较起劲来。两人各显绝技，拼力角逐，摔得不可开交。世界闻名的苏联领导人在马路上像普通人一样摔跤较劲，这可是闻所未闻的事，人们的注意力一下被吸引过来。记者们一拥而上争相抢拍镜头。一南斯拉夫的工作人员乘机从容迅速地修好了汽车，一行人顺利上路，访问也没怎么耽误。

　　第二天，各国新闻记者向外发出了一系列描述两位领导人"重量级运动员"在路边进行体育比赛的消息。而那件令人难堪的汽车放炮事件，早被记者们忽略，没有在报纸上出现。

　　发生难堪的事是难免的，但不能怨天尤人，那样没用，反正事情发生了，怎么样都于事无补，何不卖个顺水人情。

　　如果把自己手里的热山芋硬塞给别人，多半会引起对方的不满。不过，只要稍微改变一下策略把这热山芋包装成一份小礼物，那么得到它的人不但不会埋怨你，还会大大赞赏你慷慨大方，这样的事，何乐而不为呢？

4．绕弯子解除尴尬

　　有一次，林肯在某个报纸编辑大会上发言，指出自己不是一个编辑，所以他出席这次会议，是很不相称的。为了说明他不出席这次会议的理由，他给大家讲了一个小故事：

　　"有一次，我在森林中遇到了一个骑马的妇女，我停下来让路，可是她也停了下来，目不转睛地盯着我的面孔看。

　　"她说：'我现在才相信你是我见到过的最丑的人！'

　　"我说：'你大概讲对了，但是我又有什么办法呢？'

　　"她说：'当然你已生就这副丑相是没有办法改变的，但你还是可以待在家里不要出来嘛！'"

　　大家为林肯幽默的自嘲而哑然失笑。林肯在这里巧妙地运用了自嘲来表达自己的拒绝意图。既没让人难堪，还在愉快的氛围中领悟到林肯的意图。

在交谈中，慷慨激昂，锋芒外露，固然是一种本事，但细语声声，婉言相告，也是一种必不可缺的本事。

有些人说话，往往是有一说一，有二说二的。但在与人交往时，有时为了避免伤害他人，为了更好地赞美他人或是为了得到别人的帮助，都必须将要表达之意寓于其他话语中，而不能做所谓的"直肠子"，快人快语，否则就会办砸事。

为了避免直言，经常要运用各种暗示，以含蓄、隐讳的方法来向对方发出某种寓有自己真实想法、态度的信息，以此来影响对方的心理，使对方明白自己的心意。有时候为了避免直言相告，还可巧妙地寻找借口来为自己解围或是保全他人的面子。舞会上别人邀请你，你内心实在不想跟他跳，可以说："我累了，想休息一下。"既达到谢绝目的，又不伤别人的自尊心。别人与你相约同去参加某一活动，但你却忘记了，未去赴约。直说出原因，将会影响别人对自己的信任，也是对他人的不尊重。一般情况下，失约的可能原因有身体不适、家中有事、客人来访等，你可挑选较合情理的一种，作为事后的解释。

如何摆脱冷遇

与人交往，受到冷遇是很常见的。对此，不同的人有不同的反应：或拂袖而去，或纠缠不休，或怀恨在心。有这样的反应也是正常的。但如一概而论，则有时就会因小失大，无法进行铺垫，从而影响自己做人办事的效果。因此，了解冷遇的具体情况再做不同的反应，是十分必要的。

若按遭冷遇的成因而分，不外三种情况：

一是自感性冷遇，即估计过高，对方未使自己满意而感到的冷落。

二是无意性冷遇，即对方考虑不周，顾此失彼，使人受冷落。

三是蓄意性冷遇，造成的原因是对方存心怠慢，让人难堪。

当你被冷落时，要首先区别情况，弄清原因，然后再采取如下适合的对策。

1. 自我心理调节

对于自感性冷遇，自己应反躬自省，进行心理调节，实事求是地看待彼此的关系，避免猜度和嫉恨于人。

常常有这种情况，在准备求人之前，自以为对方会热情接待，可是到现场却发觉，对方并没有这样做，而是采取了低调。这时，心里就容易产生一种失落感。

其实，这种冷遇感是自己对彼此关系估计过高，期望太大而形成的。应该说，这种冷遇是"假"冷遇，非"真"冷遇。如遇到这种情况，应自己检点自己，重新审视自己的期望值，使之适应彼此关系的客观水平。这样就会使自己的心理恢复平稳，心安而理得，除去不必要的烦恼。

2. 抓住对方的要害

与傲慢者打交道最容易遭冷遇，这时就可以抓住对方之要害给以指出，打掉他赖以生傲的资本，对方就会从自身的利益出发，放下架子，认真地把你放在同等地位上交往。

1901 年美国石油大王洛克菲勒的第 2 代小约翰·戴·洛克菲勒，代表父亲与钢铁大王摩根谈判关于梅萨比矿区的买卖交易。摩根是一个傲慢专横、喜欢支配人的人，不愿意承认任何当代人物的平等地位。当他看到年仅 27 岁的小洛克菲勒走进他的办公室时，摩根并不在意，继续和一位同事谈话，直到有人通报介绍后，摩根才对年轻而长相虚弱的小洛克菲勒瞪着眼睛大声说：

"喔，你们要什么价钱！"

小洛克菲勒并没有被摩根的盛气凌人吓倒，他盯着老摩根，礼貌地答道：

"摩根先生，我看一定有一些误会。不是我到这里来出售，相反，我的理解是您想要买。"

老摩根听了年轻人的话，顿时目瞪口呆，沉默片刻，终于改变了声调。最后，通过谈判，摩根答应了洛克菲勒的售价。

在这次交际中，小洛克菲勒就是抓住了问题的关键：摩根急于要买下梅萨比矿区，加以点化，从而既出其不意地直戳对方的要害，说明实质；同时也表现出对垒的勇气和平等交往的尊严，使对方意识到自己应认真地平等地交往，谈判进程就变成了坦途。

3. 满不在乎

还有一种方式，就是对有意冷落自己的行为持满不在乎的态度，有时也是对付有意冷落的一种有力的武器，他之所以冷落你，就是要你形成心理落差，而你偏偏采取不在意的态度，坦然地面对冷落，我行我素，以热报冷，以有礼对无礼，以"视而不见"来迫使对方改善态度。

一个老太太看不上女儿的男朋友，他每次来，她都不爱搭理，还说点难听的话。对此，男青年并不计较，假装听不见，照样以笑脸相对，彬彬有礼，该干活照样干活，该说的话一句不少。最后，他终于以自己的言行使未来的岳母转变了态度。

墨西哥电视连续剧《卞卡》中男主人公何塞·米盖尔深深懂得如何说服别人的道理，他紧迫盯人的"三段式"求爱法，给大多数观众都留下了深刻的印象。

当女方说"我实在是不爱你！""我现在对你已经无法产生兴趣。"时，何塞·米盖尔毫不气馁，反而从容不迫地说："这不是你的心里话！"这种应对方法既给自己一个可下的台阶，避免了窘迫的处境，又给女方一个挽回的机会。

当女方说："我确实是这么想的，这的确是我的心里话。"何塞·米盖尔答道："你不要再骗自己了！"这样的话与上面的答法有异曲同工之妙。

当女方反复强调"我……我根本没有在欺骗自己"时，何塞·米盖尔也不慌不忙地说："你不要这样讲了，其实你的心中只有我！"

如此采用紧追不放的"三段式"，不仅使自己漂亮地走下台阶，而且，也给对方留有收回此话的余地。如此反复强调，使对方感情软化后，觉得她不该就这样拒绝你，你对她是诚实的，最终也就回心转意了。

面对隐私问题怎么回答

当今，许多单位在招聘女职工时，总喜欢"拷问"一些隐私问题。这不，在某企业的招聘现场，应聘的李小姐正被这些难以启齿的问题"轰炸"得不知所措。

"你有男朋友吗？"

"你跟异性同居过吗？"

"你赞成婚外性行为吗？"

"如果客户对你提出性要求，你会怎么办？"

"如果你的上司对你有非分之想，你怎么办？"

突遇这种敏感提问，李小姐寻思："这些似乎跟我找工作没多大关系吧，是不是对方存有不正当的企图？"一时间，李小姐陷入了尴尬境地。

按照常理，招聘单位问及这些个人隐私问题，明显有些侵权行为。但是，也有些招聘企业认为，向应聘者询问这些问题并无不妥之处。了解应聘者的一些隐私，一方面可以根据对方的实际情况安排适合的岗位；另一方面，单位也可借敏感问题来考察应聘者的应变能力，考察对方能否在不情愿的情况下顾全大局，既维护自己的利益，又让事情得到圆满解决。

面对这种提问，漂亮女生也许会举出否定牌，以保护自己的隐私；而弱势女生，也许会感到机会难得，不想得罪用人单位，会老实"交代"自己的隐私。

其实这些问题如何回答并无定论，重要的是你要让对方放心，让对方觉得你能安心留下来工作。相信大多数企业都是"以人为本"的，每一种所谓"令人尴尬"的提问，都有其必然的潜因。

在一生中，我们不仅是在求职应聘时遇到关于隐私的问题，在其他的场合中也会遇到同样难缠尴尬的问题，那就需要智慧来应对。

1. 绕圈子

一次周末晚会，一待业青年对一妙龄少女纠缠不休，不停地打听她的隐私，于是他们之间发生这样一次对话：

男："我好像在哪见过你，你贵姓？"

女："我姓我父亲的姓。"

男："那你父亲姓什么？"

女："当然姓我祖父的姓了。"

男："你是干什么工作的。"

女："干'四化'的。"

男："你家住哪儿？"

女："地球。"

男："你家几口人？"

女："和我们家自行车一样多。"

男："那你们家有几辆自行车？"

女："每人一辆。"

这个女孩对人家有问必答，彬彬有礼，可无论哪一句回答都是无效的，提供的信息对对方都毫无价值可言，可以说是零信息的提供。她搪塞男青年对隐私的无礼纠缠的成功，就在于她绕圈子的语言技巧。

再如，世界著名男高音歌唱家帕瓦洛蒂不愿把自己的体重公开，于是，当有人问他现在体重多少时，他说："比过去轻。"再追问他过去多重时，他说："比现在重。"他用的也是和对方绕圈子的技巧，绕来绕去，最后对方还是什么信息也得不到。

2. 直言相告

有一位姓郑的女士因公出差，在火车上和旁边的一位看起来挺有涵养的男士交谈起来。谁知，谈着谈着，男士突然话题一转，问了一句：

"你结婚了吗？"

郑女士一听顿时心生厌恶，于是她态度平和地对那位男士说：

"先生，我听人说过这样一句话，前半句是'对男人不能问收入'，所以我一直没打听你的收入：后半句是'对女人不能问婚否'，所以，你这个问题我是不能回答了。请你原谅！"

有时候，对方打听你的隐私时，你可以开门见山，指出对方问话的不当，直言相告地表达自己的不满。

3．避实就虚

一位记者采访著名影星孙飞虎，对其简陋的住处简直难以置信，脱口而出地问道：

"依您的身份、地位、名声，如果在香港，早已拥有几幢别墅、最豪华的设施、最高级的轿车。可是您为什么会住在这又高又简易的五楼？"

这种涉及隐私的问题，一时很难说清楚，回答不好，反而会使双方都感到尴尬。孙飞虎眉头一皱，幽默道：

"夫人，高高在上不正是我身份高贵的标志吗？"

这里，孙飞虎诙谐地将自己住的楼层之高与他曾扮演的蒋介石地位之高连接起来，这一避实就虚的回答，既避免了尴尬，又活泼了谈话氛围，显示了他的机敏与风趣。

4．不卑不亢

北京某著名高校中文系毕业生罗娟，经系里推荐到一家国企求职，层层考核下来，最后，她获得了与招聘单位负责人单独面谈的机会。

"你有男朋友吗？"这位男性负责人突然这样发问。

罗娟没有任何思想准备，被这个问题问愣了。她不知如何回答才能让负责人满意，罗娟如实答道："有。"

"他现在在本地还是在外地？"

"他在办出国手续。"罗娟仍然老实地回答。

"你将来会不会跟他一起出去？"

"我的专业出去了也派不上用场，所以没想过要出去。"

"那你们是不是要分手了？"

"不能这么说，我们的感情很好，我相信自己的眼光。"

"如果你的上级比较喜欢你，你会怎么办？"

"那说明我的工作干得还不错，我会再接再厉，更上一层楼。"

"要是你的上级对你有非分之想呢？"

"你们能提出这个问题，我非常感激，这说明贵单位的高层领导都是光明磊落的人。不瞒大家说，我曾在一家公司实习过，就是因为老板起了非分之念，我才愤而辞职的，而当初他们招聘时恰恰没有问到这个问题。两相比较，假若我能进贵单位，就没有理由不去为这个团队殚精竭虑……"

罗娟不卑不亢的回答和落落大方的态度使她最后赢得了这个职位。

5. 答非所问

菲律宾前总统科拉松·阿基诺，人称科丽。在出席一次记者招待会时，记者问她有多少件旗袍礼服，科丽不假思索地回答：

"我所有的旗袍礼服，都是第一流服装设计师奥吉·立德罗为我设计的。你知道吗？她经常向我提供最新流行的服装样式。"

别人问数量，她却回答是谁设计的，这样的回答明显属文不对题，然而，那位记者却知趣不再追问了。

对于这类无聊的隐私问题，你完全可以采取答非所问的方法来应付。

6. 似是而非

有一位女名人准备与一位考古学家结婚，朋友问："你为什么会选择考古学家？"

她一本正经地回答："对一个女人来说，选择考古学家做丈夫是最明智的选择，因为这样一来，她就不用担心衰老，考古学家对越古老的东西越感兴趣。"

似是而非的回答往往让那些爱探听隐私的人无功而返，它的奇妙之处就在于听上去你像是在回答对方的问题，但其实并不是对方想要的答案。

7. 猜哑谜

歌手毛阿敏演唱了乔羽作词的《思念》之后，一次问乔羽："歌是我唱的，可你倒说说，那只蝴蝶究竟是谁啊？"

乔羽笑了笑，道："反正不是你，别人说的，都是杜撰。各人有各人的蝴蝶。我可管不了。"

其实，人们都知道那首歌中的"蝴蝶"是有隐喻的，可问题是涉及作者的隐私，他当然不愿正面回答。于是他巧妙地在关键词"蝴蝶"前加注"各人有各人"这一模糊性定语，从而将"水"搅浑，让对方陷于猜谜似的迷魂阵中，将那令人难以捉摸的哑谜留给了对方。

这种方法，应答时要对关键词加上某些限制语或修饰性词语，有意使问题变得不可思议、更加模糊，从而达到有效地回避隐私性内容的目的。

应付流言蜚语的妙招

有一位女士为自己的体重感到烦恼，因为亲友一见面就笑她胖，这让她常感到自卑。

"你觉得自己胖吗？"一人问。

"还好！其实我觉得自己很健康啊。"她说。

"既然如此，你为何不中止他们如此说你呢？"他继续追问。

"没关系啦，他们爱说就让他们去说。"

他马上提醒她："你口中说'没关系'，其实心中还是很介意的。你为什么不适当地给予回应呢？"

"我该怎么回应？"

"比如说，可以回答'健康就好'，或是：'不是胖，是丰满。'这样对方就不会再说什么了，自己也会感觉好多了。"

有时，听到人家出口不逊，我们立刻动怒，因为对方的话让我们自己的生命系统产生"失联现象"，以至于想要闪躲或反击。

所谓"失联现象"，是因为别人的话语带刺、带威胁，使得我们的"自我意识"受到干扰。在这个节骨眼其实需要适度的"回应"，才能重新建立"自我联系"，让自己好过一点。

适当"回应"是避免伤害、建立自信的一个通道。可惜的是，很多人从小不敢回应、不会回应，甚至不知道如何回应。回应并非以牙还牙，而是巧妙的四两拨千斤。下面就是一些极好的"回应"方法。

1．幽默释结

幽默永远是解决矛盾最简单、最有效的办法。一位好洁成癖的母亲一次到女儿家去做客，当她发现墙角有一个极小的蜘蛛网时，她大叫了起来，"怎么搞的，那是什么？"女儿立即答道："那是用来进行科学研究的。"敏捷的幽默既使你反驳了对方，又维护了自己，双方又不至于非常难堪。

2．发出信号

有一个男子总喜欢在很多人面前挑妻子的刺，妻子因而十分恼火。她决定不能让丈夫再如此下去。于是，以后她跟丈夫一起出去时就随身带一块小毛巾，每当她看到丈夫将要恶语相加时，就把毛巾戴到头上。惊讶和羞辱之极，做丈夫的从此再也不敢当众出妻子的丑。对那些一而再、再而三好挑剔的人用发信号的方法对他们进行事先警告是防止被伤害的有效办法。

3．借对方的话

一个切实可行的回应方法是从对方的话中找出漏洞，从反面回答问题。比如爱人说："如果你爱我的话，那你就必须减肥。"你可以反问："你有多久认为我不爱你了？"这样借对方的话，机智地加以运用，使说话者自觉无理。

4．故作夸张

如果你丈夫说："亲爱的，你又增加20磅了吧！"回答："实际上是25磅。"如果他再说："那是否想点办法呢？"你可以说："先胖一阵再说。"

受到别人的伤害，我们很可能怒发冲冠，不如暂且迫使自己先静下来，然后才去想应怎样对待。要知道，大多数人不是有意要伤害我们。合情合理又合时的"回应",其实可以让对方尊重我们、更了解我们,同时,也让自己的内在生命在对话时有自我接受、自我肯定的成长。

5. 大度宽容

流言蜚语这东西,大抵经过众口流传,针尖大的一个眼,便会夸张成天空大的一个洞。事实上,有些纯属虚构,捕风捉影,你根本没有别人攻击的那些问题,但你在应付中切忌感情用事,鲁莽草率。还是要采取大度宽容的策略,让流言在时间的长河中自生自灭为好。别人说累了,说厌了,口干舌燥,自然哑了。

有一位朋友,一度陷入四面楚歌中。他清楚某某在什么地方怎样骂他,某某在何时何地与何人攻击他。他可以寻到对方质问,但他不这样做。他冷静而客观地分析别人攻击自己的根源,与相关的人逐一谈心,一边检讨自己的过失,一边指出流言的谬误,各个击破。他成功地平息了流言蜚语,攻击他的人反而尊敬他,后来与他成了朋友。他说,征服别人的方法,莫过于大度宽容。人生的路漫长难走,我们何必为一些不中听的话耿耿于怀,去争个鱼死网破而耽误干正事的时间呢?

多一些大度宽容,接纳即将发生的狂风暴雨,赢得人生主动权。

6. 用事实说话

是是非非的话,我们应该加以分析,从中获得某些有益的启示,识别哪些只是人们对自己不满的宣泄,哪些是别有用心造谣中伤,试图达到某种目的。如果属于前一种,可以置若罔闻。人家乱说一通求得心理平衡,也就完事了。如果属于后一种,就很有必要认真对付了。

现实社会中,真理被看成谬误,谬误被人奉为真理的事时有发生。莫须有的罪名,会编造得天衣无缝,很难揭露澄清。即使你有充足的理由,认认真真地去辩诬,别人也会误认为你心里肯定有鬼。如果让事实说话则不同了。

有位警司,是犯罪分子的克星,犯罪分子既怕他又恨之入骨,便散布谣言,企图使自己人整自己人。警司并未辩诬,一方面主动出击,调查谣言的来历，一方面请求有关领导和组织，对自己各个方面进行考评，让事实说话，挫败了犯罪分子的毒计。

另有一位职员，很多人传言他理财一年多时间，贪污 30 万元人民币。他向有关人员算了一笔账：本单位一年总收入只有区区 80 万元，上缴 30 万元，给职工开工资用 35 万元多，我上哪儿去贪污 30 万元？况且，财务账做到了日清月结。事实一摆明，谣言不攻自破。

避免学习和生活脱节

现代社会，知识有两大特点：一是积累多，知识量大，多得叫人眼花缭乱、目不暇接；二是增长快，发展快，快得千变万化、日新月异。这使得人才资本的折旧速度大为加快。西方白领阶层目前流行这样一条知识折旧定律："一年不学习，你所拥有的全部知识就会折旧 80%。你今天懂的东西，到明天早晨就过时了。现在有关这个世界的绝大多数观念，也许在不到两年的时间里，将永远成为过去。"

所以，只有不断学习，才会跟上时代发展的步伐，生活上才不会落伍，你的工作能力才能适应竞争的需要。现在中国已经加入 WTO，国际贸易已经同国际接轨，如果再故步自封，就会被进入中国市场的列强挤垮，如果不熟悉国际贸易规则，不会灵活运用国际贸易规则，就很容易在贸易中陷入被动，甚至造成巨大的损失。基于你对公司的责任，对工作的责任，你就应该自觉地学习新知识、新技术、新经验，不断提高自己的工作能力，使自己无论面对多么复杂和困难的形势，也能够把一项计划或任务执行下去，并且力争做到尽善尽美，否则，你将会被淘汰。如果你继续吃老本，不为自己"充电"，无论你到了哪个公司，也难免继续被淘汰的命运。

1.利用业余时间学习阅读

在你的业余时间里，要把一部分时间留给阅读。阅读是放松身心非常好的途径，甚至能影响你的心态。比如有人说，如果想变得沉静，就可以去读《红楼梦》。

不同领域的书，对人的心态通常都有不同方向的改善。具体说来如下：

(1) 哲学。一个人的人生哲学，是他已经逐渐形成的一系列原则。这些原则，可以使人在所遇到的生活境遇中，帮助他指导自己的行动，制约他的非理性反应。这是一个人为了保证自己在人生旅途上不致迷途的指南针。

哲学不同于有组织的宗教，因为哲学仅仅是以理性为基础的，而宗教则是信仰的传授。所以，尽管宗教是非常吸引人的，因为它们对其信徒提供有关生存与死亡的重要答案，但是，我们不可以说：每一个人都应该有一种宗教信仰。而我们却可以说：任何人都应该逐渐形成自己的人生哲学。

(2) 历史。对某些人来说，研究历史是生活中富有魅力的一部分。为了更好地理解现在和把握未来而研究过去，是非常必要的。

这种工作可以细致和有的放矢地进行。例如，一个人为了更好地了解中国当前的经济，就必须至少阅读一到两本有关以中国经济史为主题的书籍。

同样，几乎任何一个学科，包括政治学、社会学、现代戏剧、艺术、舞蹈、电影，等等，都有它们的历史。每一学科的历史，都会为读者深入理解这一领域提供必要的基础条件。

(3) 自然科学。从大学毕业 10 年以上的人，要么紧紧跟上科学的革命，要么就会落后于世界，不能再与他们周围的世界保持一致。比如说，有关物质、太空、医学、物理和数学的知识，正以前所未有的加速度发展。要使自己的才能具有持久的竞争能力，就必须花费他的部分空闲时间，紧紧跟上科学革命的发展形势。

(4) 心理学。同自然科学领域一样，心理学领域也在发生很多令人兴奋的事情。一个人应该阅读一些心理方面的书籍，以便更好地了解自己，学会赢得别人的宽恕。

(5) 小说。大多数人看小说纯粹是出于个人的爱好。现代小说往往使人们把自己与书中的某个角色联系起来，这给他们带来一种精神上的享受。

与此同时，小说还会使他们对时代有某种感受，并帮助他们理解人们是如何产生动机的。

小说还能潜意识地教育读者，使他们无形中学会怎样把文章写得更加流畅、明晰，以及怎样突出重点。阅读了大量小说的人，比那些把自己的阅读领域局限于报纸、教科书之类的人，写作水平总要高一些。

当然，除了阅读之外，娱乐活动也是必不可少的，这常常是人们进行自我放松的首选。娱乐活动可以是多种多样的，从登山到下国际象棋，从跳伞到绘画，只要是你的兴趣，你自然会在娱乐过程中得到放松。

但不论你是选择阅读还是娱乐，都应趋向于有益身心的，这样便于整体素质的提高。

2. 学习的事，自己亲力亲为

有一个学生诚惶诚恐地来请教他的老师，问："老师，请问我要怎样做，才能够学会您所有的智慧呢？"

老师是一位深具智慧的大师，他听到学生这样的问题，笑了笑，反问学生说："那么，你认为应该怎么样，才能够学会我所有的智慧呢？"学生想了想，立刻说："我以为，老师最好能够一次教会我所有智慧的关键，让我能够完全了解老师所了解的事情！"

大师又笑了笑，从桌上拿起了一个苹果，放到嘴边，大大地咬了一口。大师望着他的学生，口中不断咀嚼着苹果，不发一言。

过了好一会儿，大师才又张开嘴，将口中已经嚼烂的苹果，吐在手掌当中拿到学生的面前，然后对着他的学生说："来，把这些吃下去！"

学生惊惶地说："老师，这……这怎么能吃呢？"

大师又笑了笑，说："我咀嚼过的苹果，你当然知道不能吃；但为什么又想要汲取我的智慧和精华呢？你难道真的不懂，所有的学习，都必须经过你本身亲自去咀嚼的。"

苹果新鲜而甜美的滋味，需要你自己去品尝与体会。人生许多宝贵的答案，也需要通过自己的思考去获得。

学习的过程，除了你自己，没有任何人可以代劳；透过知识的吸收，加上你不断地反省、思考，化为自己宝贵的经验，这就是智慧的开启之处，也是奠定你一生能够不断成长的真正基础。

学习还要注重方法，尽信书不如无书。对于书本知识、他人的经验，不可囫囵吞枣，不可全盘吸收，不可生搬硬套；要会取其精华、去其糟粕、扬长避短，达到继承和创造的目的。

学习的目的是学以致用，培根指出："各种学问并不把它们本身的用途教给我们，如何应用这些学问乃是学问以外的、学问以上的一种智慧。"有了知识，并不等于有了能力，知识不加以应用，拥有的知识就是死知识，死知识不但没有益处，有时还可能有害。因此，要对知识加以应用，使学习过程上升为提高能力、增长见识、创造价值的过程。

3. 在工作中学习

学习的方式方法多种多样。如果你所在的企业是一个"学习型组织"，企业就会每年为员工制订各种培训计划，开设讲座，组织参观学习等。你要主动争取每一个机会。如果你不在公司培训的范围之内，那你可以选择自己"充电"的方式，去学习那些你急需掌握的新知识、新技能，或者是未来你将用到的知识和技能。万万不可心疼"学习经费"，或认为培训是公司的事，而放弃自己"充电"。因为你通过自己"充电"而增长了知识，提高了能力，使你在激烈的竞争中站稳了脚跟，其意义不是能用金钱来衡量的。

最好的学习方法，还是在工作中学习。在工作中学习，不需要脱离现在的工作。你以遇到的难题为突破口，学习解决问题的方法和相关知识，并总结经验，从而提升你的工作能力。这样可谓有的放矢，也是最有效和最节约成本的。

惠普公司前董事长兼首席执行官卡莉·费奥瑞纳女士是从秘书工作开始她的职业生涯的。她学过法律，也学过历史和哲学，却不是学习技术出身。在惠普这样一家以技术创新而领先的公司，她是如何提升自我价值，一步步走向成功，并最终从男性主宰的权力世界中脱颖而出的呢？

答案是不断地在工作中学习。她说："不断学习是一个CEO成功的最基本要素。这里说的不断学习，是在工作中不断总结过去的经验，不断适应新的环境和新的变化，不断体会更好的工作方法和效率。"

不论采用何种学习方式，一个人都应该把学习持之以恒地坚持下去，树立终身学习的理念，把学习融入每天的工作和生活中去。万万不可 3 分钟热度，心血来潮时风风火火学习几天，过不几天又将学习扔到一边。因为"未来唯一持久的竞争优势是，比你的竞争对手学习得更好"，这是彼得·圣吉对职场人士的忠告，也是对现代公司的忠告。学习已成为现代公司和职场人士赖以生存的手段。

然而，很多人还是把不断学习看作自己的负担，以为在大学一次性充足电，就可以一生在工作岗位上"放电"。他们排斥学习的理由，不外乎他们自信自己拥有的知识和技能已经足够了，不需要再继续学习了。事实真的如此吗？看了下面这个小故事，他们也许就不会再固执己见了。

希玄道元是日本一位著名的禅师。有一天，一位小和尚在打坐中初见端相，就以为自己到了某种境界，于是跑去对希玄道元说："师傅，我在您座下已经有几年工夫了，我自觉已经学够了，现在想向您告假，希望师傅能允许弟子外出去云游。"

希玄道元一听，很不以为然地说："什么是够了？"

小和尚回答："够了就是满了呗，再也装不下了。"

希玄道元听了这话，就让小和尚拿一盆石子过来。小和尚照做了。

希玄道元问小和尚："你觉得这石子装满了吗？"

"满了！"小和尚回答。

希玄道元随手抓了几把沙子掺进盆中，一粒沙子也没有溢出来。又问："满了吗？"

小和尚又回答："满了！"

希玄道元又抓了几把石灰，掺入盆中也没有溢出，又问："满了吗？"

小和尚还是回答："满了！"

希玄道元又往盆里倒了一杯水，里面的石子、沙子、石灰都没有溢出来。接着又倒了第二杯、第三杯，依旧没有溢出一点东西，又问："满了吗？"

此时的小和尚才悟出禅师的良苦用心，羞愧得不敢抬起头来。

反思一下自己，故事中的小和尚是否就是曾经的你？正确认识学习的重要性吧，把不断学习新知识和新技能贯彻到日常生活和工作中去，不断提升自己的竞争力，你和你的公司才不会被淘汰。所以，每个人都应该成为终身学习的实践者！

坦诚化解误会

往往有这种现象：好心拾金不昧，却被怀疑是窃贼，恐怕再也没有比这更委屈的事情了。有一位佘师傅把捡到的手提包无条件地还给失主，不但没得到失主的感谢，反而被怀疑是偷包贼，而致平生第一次被警方"请"进了派出所。

应该说，做好事被误解的情况也不是没有。但像这位佘师傅"一片热心"反而被浇"一盆冷水"的遭遇，却也着实令人心寒，心里不免心生怨怼。

这个世界上，误会还有好多种，做事不被人理解，说话不被人理解，待人也被人误解。

所以，人与人交往，误会经常会发生。有些误会本是小事一桩，时间一长就忘记了。可有些误会，若不加以说明，会使人牢记在心。对于这类误会，是要设法加以消除的。否则，不仅会影响人与人之间的团结协作，而且对人的身心健康也会发生不利的影响。造成彼此间误会的原因颇多，如有时是因为我们把别人一些无特定意义的行为当成寓意深长的行为，以致生出种种误会；有时是因为传统的偏见所造成的误会；有时是因为别人的成见造成的；有时是因为对方搬弄是非造成的……不一而足。为了消除误会，融洽彼此的关系，可参考如下建议。

1. 被误会时，先忍一忍

东汉时谯县有个叫曹节的人，待人仁义宽厚。有一次邻居家丢了头猪，与曹家的猪很相像，于是那个邻居就找上门来询问。

曹节二话没说，就让他把自己家的猪带走了。不久，邻居家那头丢失的猪自己跑回圈来，邻居的脸上很挂不住，主动把曹节家的猪送了回来，并表示感谢，曹节笑了笑将猪收下，还是什么也没说。

俗话说："平生不做亏心事，半夜敲门心不惊。"误会总会消除，是非终有定论，只是一个时间问题而已。因此，发生误会后，不妨坦然置之，即进行所谓"冷处理"。反之，如果感到自己受了莫大冤屈便急忙气急败坏地到处辩白，则可能不但得不到同情，反而会有可能让大家看笑话。

凡是有人群的地方就有矛盾。世界这么拥挤，你不碰他，他还碰你。有人独守自己的生存空间，也会无端地受到袭扰、误解。此时据理力争完全是正当的。但是这样一来，往往后果严重。这就需要容忍，委曲求全，自觉扩大精神空间，这也是对他人生存空间的尊重。

在生活中常有这样的窝囊事发生，比方当人家丢了驴，正在寻找的时候你恰好就在拴驴的树下乘凉歇脚，这时候不用说驴的主人怀疑你的清白，就连你也会感到不好意思，怎么也解释不清，驴主人坚信自己的怀疑是对的，于是怒从心头起，恶向胆边生，争吵、骂娘，甚至是大打出手，仍旧搞不清。只要驴没找回来，官司就得打下去，没完没了，在闹心的"持久战"中谁也别想安宁。即使最后把驴找到了，脸已撕破，友谊和睦也都已不复存在了，这种由于误会而引起的纷争特别让人烦恼、窝火，既伤脑筋又伤和气，有时甚至带来破财和杀身之祸。中国古代的先哲们却有解决此类问题的高招，那就是忍。

忍一时委屈，保全了大家的和谐、宁静，并不损失什么，反而会为自己赢得一个更广阔的心灵空间。

2．学会宽容

人活在世上，就免不了被人误解和误解他人。被人误解的滋味，你一定知道，当你做了一件对人有益的事情，别人不但没有感谢你，反而以冷言冷语刺伤了你那颗善良真诚的心，你的感觉是什么？也许你想冷笑，也许想大哭，或者不言不语，或者和他辩个清楚。"宁愿人负己，不愿己负人"，你完全可以用一种宽容一切的大度去对待别人，时间是最好的证人，事情透明之后，误解者一定会十分愧疚，对你更加钦佩。

不要以自己的想象去揣测别人的行动，误解别人对人心灵的创伤非常重，你也许因此而失去一个要好的朋友，此时如果对方争辩，你一定要听取他的话语，千万不能用冷冰冰的话去伤害他那脆弱的情感。你的道歉将会在此时发挥最大的威力，被你误解的人在心头积聚的阴云会因你的道歉而云消雾散，化作点点晶莹雨珠从脸庞滑落，然后现出万里晴空，从此学会如何对待别人。

人生路上，有许多事情都处在误解和被误解之中，其实，因为误解，我们才学会检讨，因为被误解，我们才学会宽容。

生活绚烂多彩，我们尽力用自己的宽容和道歉对待朋友，朋友难求。而且人和人总是免不了摩擦，误解是难免的，宽容是这时候最好的选择。

宽容就是潇洒。"处处绿杨堪系马，家家有路到长安。"宽厚待人，容纳非议，乃事业成功、家庭幸福美满之道。事事斤斤计较、患得患失，活得也累。难得在人世走一遭，潇洒最重要。

宽容就是忍耐。对同事的批评、朋友的误解，过多的争辩和"反击"实不足取，唯有冷静、忍耐、谅解最重要。相信这句名言："宽容是在荆棘丛中长出来的谷粒。"能退一步，天地自然宽。

宽容就是洞察。世界由矛盾组成，任何人或事情都不会尽善尽美。无论是"患难之交"、"亲朋好友"，还是"金玉良缘"、"模范丈夫"，都是相对而言。他们的矛盾、苦恼常被掩饰在成功的光环下，而掩盖的工具恰恰是宽容，不必羡慕人家，不要苛求自己，常用宽容的眼光看世界，事业、家庭和友谊才能稳固和长久。

3. 主动化解误会

在误会产生后，当事双方谁也不愿主动地、面对面地将诸多鸡毛蒜皮一类的事谈清楚，相反只在背后说三道四、论长论短，以致误解越来越多，隔阂越来越深，甚至反目成仇，结果令人沮丧。

误会产生的负面影响不能忽视，它带来痛苦，带来烦恼，甚至会产生悲剧。所以，陷入误会的圈子后，必须调整自己，采取有效的方式予以解除。

以下是消除误会的 8 个妙方：

(1) 当面说清。解决误会最简便的方法是当面说清。有人由于缺乏勇气，不敢当面对质，结果把问题搞得极复杂。因此，如误会产生后，需要亲自向对方做出说明，当面表明心迹。

(2) 主动解释。有人被误会搅得头昏脑涨，总感到心中窝火，不好启齿，结果碍于情面，时间越拖越长，误会越陷越深。所以，有了误会，要主动解释清楚。

(3) 查明原因。产生误会后，往往导致甲方怒气冲冲、充满怨恨和敌视；乙方满腹狐疑，委屈压抑。此时，双方要保持冷静，花一番工夫调查，搞清楚对方的误解源于何处。

(4) 请人调解。有时候，双方误会较深，个人解决可能会受到限制，请他人调解，不失为聪明之举。

(5) 书信传情。书信的作用不可估量，有时，当面难以启齿的话题在信上会坦然地表达出来。写信时措辞一定要简短、亲切、明了，语气需要真挚、诚恳，充分表达自己愿意消除误会、重新和好的急切心情，以及对对方的信赖和尊敬。

(6) 重新聚会。有时候在误会不大的前提下，可以邀请对方故地重游，或聚会畅谈。在和谐、友好的气氛中，彼此心理上的距离会缩短，以往的不快也会烟消云散。

(7) 抓住时机。消除误会要选择时机。例如可选择参加婚宴等喜庆日子，此时对方心情愉快、神经放松，胸怀就较为宽广。这个时机往往能得到对方的谅解。

(8) 用行动证明。有的误会用语言解释不清楚，那么就用行动去证实。比如在今后的工作中，虚心向其求教，注意肯定人家的长处，在他被人攻击诽谤时，站出来讲几句公道话，这时以前的误会便可化解。

消除误会，还可以采取其他方法。比如，可以与对你产生误会的人平心静气地面谈，也可转托其他人做解释。若这些方法仍不能消除误会，则可请朋友或上司出面解释问题。实际上，由于错误的归因所造成的误会，倒很容易消除。因为只要事实摆出来，误会就会烟消云散。至于由于别人的成见，乃至恶意的中伤、诽谤所造成的误会，对于这种人格的侮辱，则应该毫不怯懦，针锋相对。而对于由于偏见所造成的误会，则不必过分重视。能扭转偏见固然很好，但若无力改变就随它去吧！"我行我素"这句话有时还是用得着的。须知，尽管别的误会会严重挫伤你的情绪，但人的情绪应当为理智所控制。如果别人的说三道四可以左右我们言行的轨迹，那么，我们就很难成为生活的强者。而且，在误会面前消极、退却，反而会授人以柄，使你更苦恼、更消极，并由此陷入消极情绪和行为的恶性循环之中。

所以，消除误会，需要一点为人的技巧。如果你想和别人正常交往，当双方发生误会时，就要真诚地去面对它。诚心诚意，才能以理服人，以情动人，才能达到交际的真正目的。